Como os
ricos destroem
o planeta

Hervé Kempf

Como os ricos destroem o planeta

tradução:
Bernardo Ajzenberg

EDITORA GLOBO

Copyright © Editions du Seuil, 2007.
Copyright da tradução © 2010 Editora Globo S.A.

Todos os direitos reservados. Nenhuma parte desta edição pode ser utilizada ou reproduzida – em qualquer meio ou forma, seja mecânico ou eletrônico, fotocópia, gravação etc. – nem apropriada ou estocada em sistema de bancos de dados, sem a expressa autorização da editora.

Texto fixado conforme as regras do novo Acordo Ortográfico da Língua Portuguesa (Decreto Legislativo nº 54, de 1995).

Preparação: Beatriz de Freitas Moreira
Revisão: Valquíria Della Pozza e Carmen T. S. Costa
Capa: Andrea Vilela de Almeida
Fotos de capa: Martin Takigawa, *Crumpled map in woman's hands* © Getty Images

1ª edição, 2010

DADOS INTERNACIONAIS DE CATALOGAÇÃO NA PUBLICAÇÃO (CIP)
(CÂMARA BRASILEIRA DO LIVRO, SP, BRASIL)

Kempf, Hervé
    Como os ricos destroem o planeta / Hervé Kempf; tradução Bernardo Ajzenberg. – São Paulo: Globo, 2010.

    Título original: Comment les riches détruisent la planète.
    ISBN 978-85-250-4851-6

    1. Ecologia humana 2. Economia ambiental mundial – Crise ecológica e social 3. Ética ambiental 4. Justiça distributiva 5. Justiça social 6. Política ambiental – Aspectos sociais 7. Proteção ambiental – Aspectos morais e éticos I. Título.

10-04352   CDD-304.201

Índices para catálogo sistemático:
1. Ecologia: Aspectos éticos: Filosofia 304.201
2. Paradigmas ecológicos: Filosofia 304.201

Direitos de edição em língua portuguesa para o Brasil adquiridos por Editora Globo S.A.
Av. Jaguaré, 1485 – 05346-902 – São Paulo – SP
www.globolivros.com.br

SUMÁRIO

Capítulo 1

A CATÁSTROFE. E ENTÃO?..13

Objetivo: limitar as perdas 16

Se o clima se acelerar...18

Algo nunca visto desde os dinossauros.........................20

Somos todos salmões 23

O planeta não se recupera mais 26

Mudança climática, um item da crise global..................28

Rumo ao choque do petróleo 30

Os cenários da catástrofe 31

A pergunta central 35

Capítulo 2

CRISE ECOLÓGICA, CRISE SOCIAL 41

A volta da pobreza...46

A globalização da pobreza 49

Os ricos cada vez mais ricos.......................................51

Surgimento da oligarquia global..................................54

Para diminuir a pobreza, tirar dos ricos 55

Miséria ecológica: uma pobreza esquecida 57

Capítulo 3
OS PODEROSOS DESTE MUNDO....................................61
A seita global dos grandes glutões.........................64
Trancar a porta do castelo....................................68
Como loucos tristes...70
Uma oligarquia cega...76

Capítulo 4
COMO A OLIGARQUIA INCREMENTA A CRISE AMBIENTAL............79
Não é preciso aumentar a produção........................81
A classe superior define o modo de vida de sua época..........82
A rivalidade insaciável.......................................84
As bordas invisíveis da nova *nomenklatura*..............85
A oligarquia dos Estados Unidos no topo da competição de luxo...87
Crescimento não é a solução.................................89
A urgência: diminuir o consumo dos ricos................92

Capítulo 5
A DEMOCRACIA EM PERIGO..95
O álibi do terrorismo..97
Celebremos o "trabalhador dos órgãos de segurança"........99
Uma política para os pobres: a prisão.....................103
Criminalizar a contestação política.......................105
Rumo à vigilância total.......................................107
A traição da mídia...111
O capitalismo já não precisa da democracia..............114
Desejo de catástrofe..115
"A época das renúncias austeras que nos espera".........116

Capítulo 6
A URGÊNCIA E O OTIMISMO......119
A oligarquia pode se dividir......121

Epílogo
NO CAFÉ DO PLANETA......125

Referências......131

Estava no ônibus em direção ao aeroporto de Heathrow depois de concluir uma reportagem sobre o "soldado do futuro". O rádio dava as notícias. Informava o jornalista que, segundo especialistas suecos, fora detectada naquele país escandinavo uma alta taxa de radioatividade, que podia ser proveniente de um acidente com uma usina nuclear.

Era 28 de abril de 1986, dia seguinte ao acidente de Chernobyl. A notícia despertou em mim, subitamente, um sentimento de urgência que havia tempos não experimentava. Dez ou quinze anos antes, ao ler *La Gueule ouverte* e *Le Sauvage*, de Ivan Illich, eu me apaixonara pela ecologia, que me parecia a única real alternativa em uma época em que o marxismo ainda triunfava. A vida, depois, levou-me para outras direções. Jornalista, mergulhei então na revolução da microinformática: no momento em que a *Time* proclamava o computador como o "homem do ano", eu descobria, com meus colegas da *Science et Vie Micro*, os segredos do primeiro Macintosh, as "linhas eróticas" do Minitel, que antecipavam os chats e os fóruns da internet, e as aventuras de um jovem sujeito chamado Bill Gates, que acabara de fechar um contrato extraordinário com a IBM.

De repente, Chernobyl. E uma obviedade: a ecologia. Uma necessidade urgente: falar dela. E comecei a fazê-lo. Desde então, sempre me guiei por duas regras: ser independente e produzir boa informação, quer dizer, informação precisa, pertinente e original. Por isso, distanciei-me de qualquer catastrofismo. Estando entre os primeiros a falar sobre a questão do clima, a aventura dos OGM (Organismos Geneticamente Modificados), a crise da biodiversidade, nunca "carreguei nas tintas". Parecia-me que os fatos difundidos a partir de uma atenção permanentemente voltada para assuntos tão obviamente prioritários bastavam para chamar à razão. E eu acreditava que a razão era suficiente para transformar o mundo.

No entanto, depois de ter acreditado que as coisas mudariam, que a sociedade evoluiria, que o sistema poderia se modificar, faço, hoje, duas constatações:

- a situação ecológica do planeta se deteriora a uma velocidade que os esforços de milhões de cidadãos no mundo inteiro, conscientes do drama mas insuficientemente numerosos, não conseguem conter;
- o sistema social que governa atualmente a sociedade humana, o capitalismo, ergue-se enrijecido, cegamente, contra as mudanças que são necessárias, caso queiramos manter a dignidade e a vocação original da existência humana.

Essas duas constatações me levam a jogar todo o meu peso, por menor que ele seja, na balança, escrevendo este livro curto e tão claro quanto possível sem cair em simplificações excessivas. O que se lerá, aqui, é um sinal de alarme, mas, acima de tudo, um duplo apelo, sem o êxito do qual nada será possível: aos ecologistas, no sentido de que pensem realmente no social e nas relações de força; e aos que pensam no social, que realmente se interem da crise ecológica, que hoje condiciona a justiça.

O conforto de que desfrutam hoje as sociedades ocidentais não deve dissimular a gravidade do momento. Ingressamos em um tempo de crise prolongada e de catástrofes latentes. Os sinais da crise ecológica podem ser vistos com nitidez, e a hipótese de uma catástrofe se torna cada vez mais realista.

No entanto, dá-se pouca atenção, no fundo, a esses sinais. Eles não pesam sobre a política ou a economia. O sistema não vê como alterar a sua própria trajetória. Por quê?

Porque não fazemos a relação entre a ecologia e a questão social.

Mas a simultaneidade das crises ecológica e social só pode ser compreendida se as analisamos como duas faces de um mesmo desastre. Este decorre de um sistema que é dirigido por uma camada dominante que só se move por avidez, que não tem outro ideal a não ser o conservadorismo, nem outro sonho que não seja a tecnologia.

Essa oligarquia predadora é o principal agente da crise global. E isso, diretamente, pelas decisões que toma, que visam a manter a ordem estabelecida em seu favor e que privilegiam o objetivo de crescimento material, único meio, segundo ela, de impor às classes dominadas a aceitação da injustiça expressa na posição social que ocupam. Ora, o crescimento material só faz aumentar a degradação ambiental.

A oligarquia exerce também uma poderosa influência indireta a partir da atração cultural que seu modo de consumo exerce sobre o conjunto da sociedade, particularmente sobre as classes médias. Tanto nos países mais avançados quanto nos emergentes, grande parte do consumo deriva de um desejo de ostentação e de diferenciação. As pessoas aspiram a subir na escala social, o que passa por uma imitação do consumo realizado pela classe mais alta. Esta difunde, assim, por toda a sociedade, a sua ideologia do desperdício.

O comportamento da oligarquia não leva somente ao aprofundamento das crises. Confrontada com a contestação de seus privilégios, com a preocupação ecológica e a crítica do liberalismo econômico, suas reações também levam ao enfraquecimento das liberdades públicas e do espírito democrático.

Em quase todas as regiões do mundo, observa-se um desvio no sentido de um regime semiautoritário. Seu motor é a oligarquia reinante nos Estados Unidos, que se apoia no pânico provocado pelos atentados de 11 de setembro de 2001 na sociedade norte-americana.

Nessa situação, que pode levar tanto ao caos social quanto à ditadura, é importante saber o que convém manter, seja para nós, seja para as gerações futuras: não a "Terra", mas as "possibilidades da vida humana no planeta", segundo as palavras do filósofo Hans Jonas, vale dizer, o humanismo, os valores do respeito mútuo e da tolerância, uma relação sóbria e repleta de sentido com a natureza, a cooperação entre os seres humanos.

Para chegar a isso, não basta que a sociedade tome consciência da urgência da crise ecológica – e das escolhas difíceis que sua prevenção exige, especialmente em termos de consumo material. É preciso, também, que a preocupação ecológica se articule com uma avaliação política radical das atuais relações de dominação. Não será possível reduzir o consumo material global sem que se afetem os poderosos e sem que se enfrentem as desigualdades. Ao princípio ecologista "Pensar globalmente, agir localmente" – tão útil no momento de tomada de consciência –, cabe somar o princípio que a situação atual reclama: "Consumir menos, repartir melhor".

Capítulo 1

A CATÁSTROFE. E ENTÃO?

A NOITE tinha sido longa. Exaustiva, porém emocionante. Em uma virada de última hora, a Rússia havia imposto um obstáculo importante ao compromisso que se forjava após uma semana de duras negociações. Fracassaria, então, o Protocolo de Kyoto, mesmo depois de ter imposto uma vitória contra a teimosia norte-americana? No entanto, ao longo das tratativas noturnas habilmente conduzidas pelos diplomatas canadenses e ingleses, a Rússia retirou sua moção – diga-se de passagem, incompreensível –, e o acordo foi selado: a comunidade internacional decidia prorrogar o protocolo para além do prazo final previsto, 2012, e os novos gigantes, China e Índia, entravam veladamente na discussão que os levará inevitavelmente a encarar os desafios do futuro.

Essas negociações internacionais se assemelham a uma espécie de caravana cosmopolita, composta de figuras cintilantes, com interesses diversos, paixões e egoísmos, mas animada, também, por trás do conflito de interesses, pelo sentimento comum da necessidade de um entendimento global. Sob a capa de rituais obscuros e textos esotéricos, constrói-se a ideia de uma política para toda a humanidade. E todos nós que estávamos naquela sala em Montreal, em dezembro de 2005, com os rostos cansados, os olhos inchados e os membros enrijecidos, aplaudimos e sorrimos diante da boa notícia.

Sem ter-me dado conta de que poderia ter de passar a noite em claro, eu tinha marcado um encontro na manhã seguinte com um cientista eminente, na universidade, para conversar sobre outro assunto: a biodiversidade. Caminhava no ar frio da metrópole quebequense, movido pelo entusiasmo das horas precedentes, sem perceber meu próprio cansaço – em uma frase, feliz da vida.

Através da janela da sala estreita de Michel Loreau, podemos avistar os altos edifícios da cidade, um mundo totalmente artificial. E, em suas palavras precisas, sem um grama de exagero ou de emoção, com a calma que assenta tão bem a um diretor do Programa Internacional de Pesquisa Diversitas, o pesquisador belga me contou aquilo que eu já sabia mas que, no ar cristalino do inverno canadense, adquiria um sentido dramático que eu até então não tinha captado em toda a sua dimensão. O planeta Terra passa neste exato momento pela sua sexta crise de extinção de espécies vivas desde que a vida, há 3 bilhões de anos, começou a transformar a sua superfície mineral. "Hoje", diz ele, "estima-se que, para os grupos mais bem conhecidos – os vertebrados e as plantas –, a taxa de extinção é cem vezes mais alta que a média nos tempos geológicos, sem considerar as crises de extinção massiva." Ele faz uma pausa. "Já é bastante, mas não é nada em relação àquilo que se prevê: essa taxa vai se acelerar, atingindo um patamar 10 mil vezes superior à taxa geológica."

James Lovelock é quase um desconhecido na França. Esse fato expressa tão somente a falta de cultura ecológica em meu país, pois na Grã-Bretanha, assim como no Japão, na Alemanha, na Espanha ou nos Estados Unidos, o grande estudioso inglês goza de uma merecida notoriedade. Isso porque fez a ciência avançar, em um duplo sentido: por um lado, inventando uma série de dispositivos muito úteis para os físicos – especialmente o detector por captura de elétrons –, e, por outro, elaborando uma das teorias mais estimulantes para a mente sobre o nosso planeta. A essa teoria ele deu o nome de Gaia, seguindo sugestão de seu amigo William Golding, Prêmio Nobel de Literatura. Segundo Lovelock, a Terra se comporta como um organismo vivo autorregulado.

Mas, se eu serpenteava pelas pequeninas ruas de Cornouailles, cruzando uma área rural que conservou de modo excepcional os seus traços campestres do século XIX, não era para falar sobre a teoria Gaia, mas para ouvir a mensagem pessimista do grande estudioso. Eu tinha um duplo motivo para prestar atenção nas palavras de meu anfitrião: seu *curriculum vitae* impressionante e seu conhecimento perfeito dos debates sobre a questão do clima, que ele integra na fonte. Com efeito, ele conversa frequentemente com os climatologistas do centro de pesquisa Hadley, de Exeter, a cinquenta quilômetros de onde vive. Trata-se de um dos centros de maior prestígio do mundo nessa matéria. Mais tarde, eu confirmaria, em conversas com outros pesquisadores e em minhas leituras, a inquietante mensagem que Lovelock me transmitia.

"Com o aquecimento climático", disse-me ele na atmosfera tão *british* de sua casinha branca, "a maior parte da superfície do globo será transformada em deserto. Os sobreviventes se agruparão em torno do Ártico. Mas não haverá lugar para todo mundo, o que gerará guerras, populações enfurecidas, senhores da guerra. Não é a Terra que está ameaçada, mas a civilização."

"Sou um homem alegre, não gosto dessas histórias de catástrofes", continua ele. "É o que torna a coisa ainda mais estranha, pois, antes, eu não achava que o perigo fosse tão grande."

Que *sir* Lovelock me perdoe, mas eu poderia subscrever, palavra por palavra, essa sua última frase. Acompanho a questão da mudança climática sistematicamente desde 1988. Vi de perto como a preocupação se desenvolveu primeiro entre os cientistas, surgindo depois na mídia, confrontando-se aos argumentos contrários, até se firmar e se tornar um sistema de interpretação do mundo de grande solidez. A tomada de consciência avançou a uma velocidade quase estonteante, e muitos pesquisadores estão hoje mais pessimistas do que imaginavam que estariam quinze anos atrás. Não se trata de nenhum "catastrofismo", pois, caso contrário, teríamos de chamar de "catastrofista" toda uma comunidade científica.

De algum tempo para cá, uma nova questão inquieta os climatologistas. O clima poderia se desregular bruscamente, rápido demais para que qualquer ação humana pudesse corrigir o desequilíbrio. Essa é a preocupação expressa pelo teórico da Gaia, que tem mais liberdade que os seus pares para expor o que pensa, mas que não exagera em nada a preocupação comum a todos eles.

Objetivo: limitar as perdas

Teoria científica elaborada desde o século XIX, a ideia do aquecimento global foi redescoberta nos anos 1970 e estudada com afinco a partir dos anos 1980. A partir daí, seguiu-se uma intensa discussão entre os cientistas sobre o tema.

A mudança do clima decorre do efeito estufa: alguns gases, como o dióxido de carbono e o metano, têm a propriedade de reter nas proximidades do planeta uma parte da irradiação que ele reflete para o espaço. Devido à acumulação recente desses gases na atmosfera, seu calor médio aumenta.

A ideia de que essa mudança climática já está em pleno curso se baseia em três constatações concretas: a taxa de dióxido de carbono e outros gases na atmosfera cresce sem parar; a temperatura média do globo aumenta continuamente; e a qualidade dos modelos físicos de estudo da biosfera e dos outros instrumentos utilizados para o conhecimento do clima progrediu enormemente.

O aumento da temperatura média no fim do século XXI, considerando-se as tendências atuais, deverá ficar entre 1,4 °C e 5,8 °C. Ela é calculada pelo GIEC (Grupo Intergovernamental de Especialistas sobre a Evolução do Clima), que congrega a comunidade de cientistas especializados na mudança climática. Isso não quer dizer que ficaríamos por aí. Se nada mudar daqui até o fim do século, o aquecimento continuará avançando.

Esses dados, aparentemente modestos, são, na verdade, muito significativos. A temperatura média do globo é de 15 °C. Alguns poucos graus são suficientes para expressar uma radical mudança de regime climático. Por exemplo, menos de 3 °C nos separam do Holoceno, de 6 mil a 8 mil anos atrás, período muito diferente do atual; da mesma forma, a temperatura da era glacial, de 20 mil anos atrás, era apenas 5 °C inferior à de hoje.

Mesmo que cortássemos de uma vez, bruscamente, as emissões de gás, o crescimento do efeito estufa já causado pelas emissões anteriores não seria interrompido imediatamente. De fato, muitos gases de efeito estufa têm uma estabilidade química de várias décadas, o que significa que suas propriedades perduram por muito tempo na atmosfera. Os sistemas naturais apresentam uma inércia significativa: são lentos em sua transformação, mas também no retorno à situação anterior. Já não podemos esperar voltar rapidamente à situação que vigorava antes da metade do século XIX, momento em que, por causa da Revolução Industrial, teve início a emissão massiva de gases do efeito estufa. Podemos, no entanto, reduzir o ritmo dessas emissões, visando à sua estabilização e, depois, à sua diminuição. Isso possibilitará limitar o aquecimento a 2 °C ou 3 °C, o que se tornou, a bem da verdade, o único objetivo realista.

Se o clima se acelerar...

Um elemento crucial para avaliar a situação atual se refere às escalas de tempo. O aquecimento que vivemos nos dias de hoje se produz muito rapidamente em relação a fenômenos comparáveis conhecidos do passado, que levavam milhares de anos para se realizar. Nós transformamos o sistema climático em menos de duzentos anos.

Mas a mudança do clima, em vez de se realizar gradualmente, pode também chegar de forma brusca. Em algumas décadas, o clima poderá se alterar em vários graus, impossibilitando uma adaptação progressiva das sociedades. Essa descoberta, feita no início dos anos 1990, se expressa hoje de outra forma: a partir de certo ponto – que os climatologistas tendem a situar em torno de 2 °C de aquecimento –, o sistema climático poderia se acelerar de maneira irreversível. Normalmente, a atmosfera corrige os desequilíbrios que a atingem. Mas, devido à saturação de sua capacidade de absorção, esse processo reparador poderia não funcionar mais. São os seguintes os mecanismos capazes de favorecer uma aceleração da mudança climática:

- grande parte do gás carbônico emitido pela humanidade é, normalmente, bombeada pela vegetação e pelos oceanos: metade fica na atmosfera, um quarto é absorvido pelos oceanos, e o restante um quarto, pela vegetação. É por isso que os oceanos e a vegetação continental são chamados de "poços" de gás carbônico. Ora, esses poços poderiam atingir a sua saturação. Nesse caso, uma parcela maior do gás carbônico emitido, quando não a sua totalidade, ficaria na atmosfera, acentuando ainda mais o efeito estufa. Os oceanos e a vegetação poderiam até mesmo começar a liberar o CO_2 que estocavam anteriormente. Além disso, a continuação do desmatamento poderia transformar as florestas tropicais, que hoje ainda são poços, em emissores de carbono;

* as regiões ártica e antártica estão se aquecendo. Inúmeros cálculos e estudos de observação levam os glaciologistas a considerar a possibilidade de a Groenlândia e o continente Antártico derreterem rapidamente, o que geraria um aumento do nível do mar bem acima daquele estimado em 2001 pelo GIEC; este previa uma elevação de meio metro no fim do século, mas agora caberia pensar em 2,3 metros, senão mais;

* o gelo, como toda superfície branca, reflete os raios de sol, limitando assim o aquecimento da superfície terrestre. É aquilo que chamamos de "albedo". Mas o derretimento progressivo das geleiras reduz o albedo e, portanto, seu efeito limitador do aquecimento, o que estimula este último;

* da mesma forma, o aquecimento nas latitudes mais elevadas, mais acentuado, ao que parece, do que no restante do planeta, acarretaria o derretimento do permafrost (ou pergélisol), uma camada de terra gelada que cobre mais de 1 milhão de metros quadrados, sobretudo na Sibéria, com 25 metros de profundidade, em média. Estima-se que o pergélisol armazene 500 bilhões de toneladas de carbono, que seriam liberadas se ele derretesse.

Os fenômenos descritos acima ainda são hipotéticos. Mas muitos estudos levam a crer que eles poderiam se concretizar. Um grupo de pesquisadores demonstrou, por exemplo, que, durante a canícula do verão de 2003 [no hemisfério norte], a vegetação da Europa, em vez de absorver gás carbônico, liberou-o em quantidade significativa. Outros pesquisadores demonstraram que o permafrost começava a se degelar. Se isso continuar "na taxa observada", escrevem os autores, "todo o carbono armazenado recentemente poderia se espargir em um século". Análises produzidas recentemente estimam, por outro lado, que os modelos climáticos subestimaram as interações entre os gases do efeito estufa e a biosfera, o que leva à conclusão de que o aquecimento será mais significativo do que o previsto pelo GIEC em seu relatório de 2001. Tais elementos justificam o fato de a comunidade científica não descartar a possibilidade de uma elevação muito rápida da temperatura média do planeta a níveis insuportáveis.

"Um aquecimento de oito graus em um século é muito improvável, mas a probabilidade de isso ocorrer em dois séculos não é tão baixa se utilizarmos todo o petróleo, desenvolvermos os xistos betuminosos e queimarmos metade do que temos de carvão", preocupa-se Stephen Schneider, da Universidade Stanford, dos Estados Unidos. De fato, em seu quarto relatório, publicado em 2007, o GIEC admite a possibilidade de o aquecimento ultrapassar o nível máximo de 5,8 °C anteriormente estimado.

ALGO NUNCA VISTO DESDE OS DINOSSAUROS

Embora bem menos conhecida que o aquecimento climático, a crise da biodiversidade global não é menos preocupante. Seu indicador mais visível é o desaparecimento de espécies de seres vivos. O ritmo é tão acelerado que a expressão "sexta extinção", referindo-se às cinco maiores crises de extinção de espécies por que passou o planeta antes mesmo do surgimento do homem, se tornou oficial: "Somos atualmente responsáveis pela sexta extinção de peso na história da Terra, a mais importante desde que os dinossauros desapareceram, 65 milhões de anos atrás", afirma o Relatório sobre a

Biodiversidade Global apresentado por ocasião da Conferência das Nações Unidas sobre a biodiversidade, no Brasil, em 2006.

Todos os anos, a União Internacional para a Conservação da Natureza publica a sua "lista vermelha" das espécies ameaçadas. Em 2006, 16.119 das 40.177 espécies estudadas estavam ameaçadas de extinção. "Uma queda substancial da quantidade e da diversidade da fauna atingirá de 50% a 90% da superfície em 2050 se o crescimento de infraestrutura e a exploração dos recursos do planeta continuarem no ritmo atual", prevê o centro de pesquisas Globio do Programa das Nações Unidas para o Ambiente. Também nesse caso, a velocidade das transformações de seu ambiente pela humanidade, comparada às evoluções já ocorridas na Terra, é alucinante; os especialistas estão de acordo em estimar, como faz Michel Loreau, que a taxa de extinção das espécies deverá superar em milhares de vezes a taxa natural registrada pela história geológica, ou seja, pelo estudo dos fósseis.

O desaparecimento de espécies possui como causa maior a degradação ou a destruição de seus habitats, que há meio século têm conhecido um ritmo frenético. De 1950 para cá, mais terras foram transformadas para uso em agricultura do que em todo o século XVIII e o século XIX juntos, destaca o Millenium Ecosystem Assessment, relatório elaborado por mais de 1.300 cientistas do mundo inteiro; de 1980 para cá, 35% dos brejos (florestas úmidas dos rios tropicais) foram perdidos, assim como 20% dos recifes corais; a produção de nitrogênio pela humanidade supera a de todos os processos naturais, ao passo que a quantidade de água retida nas grandes barragens excede de três a seis vezes aquela contida por rios e riachos. "Conhecemos nos últimos trinta anos mudanças mais rápidas do que as que ocorreram em toda a história da humanidade", resume Neville Ash, do Centro Mundial de Monitoramento da Natureza (United Nations Environment Programme-WCMC), de Cambridge, Reino Unido. Segundo os pesquisadores do Globio, um terço da superfície terrestre já foi convertido em terras agrícolas e um pouco mais de outro terço se encontra em processo de transformação agrícola, urbana ou para infraestruturas.

Essa transformação artificial não deriva apenas das ações dos países em desenvolvimento na tentativa de superar as suas imensas carências. Os países ricos também desperdiçam enormemente o espaço. Na França, como observa o Manifesto em Defesa das Paisagens, lançado em 2005, "a expansão urbana é acompanhada, na maior parte das vezes, por uma apropriação das reservas fundiárias, que constituem, no entanto, recursos não renováveis: duplicação, desde 1945, do total de áreas urbanizadas; aumento de 17%, nos últimos dez anos, das áreas alteradas artificialmente, enquanto a população cresceu apenas 4%".

A crise da biodiversidade afeta o conjunto dos seres vivos. Quase todos os ambientes naturais do planeta se encontram, hoje, alterados. Na verdade, como advertem os cientistas do Millenium Ecosystem Assessment, "a ação humana exerce tamanha pressão sobre as funções naturais do planeta que a capacidade dos ecossistemas de responder às necessidades das gerações futuras já não pode ser considerada como algo certo".

As consequências da perda da biodiversidade são difíceis de medir. Os naturalistas conseguem antever, porém, alguns níveis perigosos, ou seja, a partir dos quais poderão ocorrer reações brutais de ecossistemas se certos desequilíbrios forem atingidos: "Pode-se comparar a biodiversidade a um jogo de pega-varetas, e as suas perdas às varetas que são aos poucos retiradas", diz Jacques Weber, diretor do Instituto Francês de Biodiversidade. "Tire uma, depois mais uma: nada se mexe. Mas, um dia, o conjunto pode acabar se desmanchando sozinho." A mesma ideia é colocada, de outra forma, pelo Millenium Ecosystem Assessment: "A maquinaria viva da Terra tende a passar de uma mudança gradual para uma mudança catastrófica sem nenhum aviso prévio [...]. Uma vez atingido determinado ponto de ruptura, pode ser difícil para os sistemas naturais, senão impossível, voltar ao estado anterior". Dessa forma, como no caso da mudança do clima, os cientistas começam a temer a ultrapassagem de determinado patamar a partir do qual entrariam em ação fenômenos violentos e irreversíveis de deterioração.

SOMOS TODOS SALMÕES

À transformação dos habitats por meios artificiais ou pela simples destruição soma-se a poluição generalizada, cujos indicadores atestam que não para de aumentar. O maior ecossistema do mundo, a saber, o conjunto dos oceanos, degrada-se de forma visível. "Ele é vítima de uma deterioração sem precedentes", resume Jean-Pierre Feral, do CNRS (Centre National de la Recherche Scientifique). A massa oceânica que cobre 71% da superfície da Terra, tratada até hoje como um poço sem fundo, começa a mostrar os limites de sua capacidade de digestão dos refugos da atividade humana. A elevação e depois a redução das apreensões de pesca são o sintoma mais visível desse empobrecimento dos oceanos: os estoques de peixe acima do permitido passaram de 10% nos anos 1970 para 24% em 2002, enquanto 52% já se encontram no limite máximo de exploração. Se até há pouco tempo a degradação afetava sobretudo as águas próximas dos litorais, ela atinge agora o conjunto dos oceanos: calcula-se, por exemplo, que 18 mil pedaços de plástico flutuam em cada quilômetro quadrado de oceano; no centro do Pacífico, calcula-se haver três quilos de lixo para cada 500 gramas de plâncton! As regiões de alto-mar e os fundos oceânicos, que abrigam uma biodiversidade muito significativa, começam a ser explorados e afetados pela pesca, pela busca de novas espécies, pela prospecção petrolífera etc.

Um dos casos mais tristes e simbólicos daquilo que nós fizemos com o planeta pode ser visto entre o chamado grande oceano e o Alasca. Quando se aproxima o fim de sua vida, os salmões selvagens voltam para pôr seus ovos nas centenas de lagos existentes naquele estado. Eles depositam os ovos e depois morrem, com seus corpos se depositando no fundo do lago, para onde haviam se dirigido por instinto. Pesquisadores canadenses tiveram a ideia de coletar e analisar os sedimentos de alguns desses lagos, sedimentos compostos em boa parte de cadáveres de grandes peixes migratórios. Ficaram surpresos ao descobrir que esses sedimentos contêm mais PCB (policlorobifenil) do que seria possível encontrar no lago simplesmente por conta dos depósitos atmosféricos. O PCB é um poluente químico muito resistente, que foi utilizado em quantidades enormes durante décadas ao longo do século XX. O PCB em excesso, naqueles lagos, provinha dos cadáveres dos peixes. E é assim, portanto, que os salmões selvagens poluem os lagos imaculados das regiões mais recônditas do Alasca!

A que se deve isso? O PCB se espalha em quantidades ínfimas por todo o oceano. Durante as suas peregrinações para o norte do Pacífico, os peixes acumulam esses policlorobifenis em sua gordura. Normalmente, identifica-se menos de 1 nanograma por litro, mas nos peixes a concentração chega a 2.500 nanogramas por grama de gordura do animal. Os salmões "atuam, assim, como bombas biológicas", acumulando matéria tóxica antes de retornar ao lago e poluí-lo, bem como a sua descendência.

Somos todos salmões: como seres localizados no topo da cadeia alimentar, nossos organismos acumulam os contaminadores amplamente espalhados pela biosfera por nossas indispensáveis "atividades humanas". E assim como os salmões do Alasca envenenam a sua prole, nós contaminamos, já no nascimento, os nossos filhos. Na Alemanha, há anos o leite materno é analisado continuamente por várias instituições. Nas análises constatou-se que o leite contém até 350 tipos de poluentes. Esses venenos não são encontrados apenas no leite materno. Todas as análises de soro sanguíneo efetuadas nos países desenvolvidos também demonstram que os adultos estão contaminados – em doses pequenas, é verdade –, por uma ampla gama de produtos químicos.

Mesmo que ainda não se tenha definido de forma clara em que grau a contaminação química generalizada afeta o estado de saúde das populações, uma questão colateral a essa preocupa os especialistas em reprodução já há uma década. Observa-se um aumento nos problemas de reprodução (diminuição da quantidade de espermatozoides nos homens, câncer de testículos, aumento da esterilidade etc.). Ele poderia ser atribuído à contaminação por produtos químicos, classificados como "perturbadores endócrinos" pelo fato de desregularem o sistema hormonal? Sinais a cada dia mais numerosos advogam nesse sentido. Uma pesquisa publicada no começo de 2006, por exemplo, estabeleceu uma relação entre a exposição a doses leves de inseticidas e a queda na fertilidade dos homens examinados. Outro fator explicativo – suplementar – poderia ser a poluição atmosférica. Vários estudos indicam que ela afeta a reprodução humana.

Mais amplamente, os cientistas discutem a relação entre a contaminação dos indivíduos (devido aos produtos químicos por eles absorvidos pela água, pela comida ou na atmosfera) e o aumento contínuo nos casos de câncer.

Com efeito, os demógrafos e os especialistas em saúde pública começam a considerar que o aumento na expectativa de vida – um dos indicadores de progresso da humanidade mais amplamente reconhecidos – poderia se deter. A duração média da vida humana poderia até mesmo dar um passo atrás. A responsabilidade por isso recairia sobre a poluição química – "Faz apenas trinta anos que estamos expostos diariamente a centenas de produtos químicos, cuja produção massiva data dos anos 1970 ou 1980", destaca Claude Aubert –, a alimentação desequilibrada e excessiva, a exposição à poluição atmosférica, radioativa e eletromagnética, e os hábitos de vida excessivamente sedentários (televisão e automóvel). Nos Estados Unidos, a expectativa de vida das mulheres tende a se estabilizar desde 1997. E um pesquisador, Jay Olshansky, calcula que, em razão do crescimento acelerado da obesidade (dois terços dos adultos, nos Estados Unidos, estão acima do peso), a expectativa de vida naquele país poderá decrescer em curto prazo.

O PLANETA NÃO SE RECUPERA MAIS

Um fator que agrava ainda mais a crise ecológica planetária é a fantástica expansão da China, cuja produção cresceu ao ritmo de aproximadamente 10% ao ano nos últimos quinze anos, e da Índia, que conheceu taxas pouco inferiores a essas. Esse crescimento é comparável ao do Japão nos anos 1960. O Império do Sol Nascente tornou-se, na época, a segunda economia do mundo. Mas, no caso da China, estamos falando de uma massa humana dez vezes superior à do Japão, que entrou na espiral do crescimento econômico. Seu peso sobre os ecossistemas mundiais é, portanto, muito maior, especialmente por causa da importação de matérias-primas e de madeira, cuja extração afeta seus locais de origem. A China se tornou o primeiro importador mundial de soja, por exemplo, estimulando a expansão da cultura dessa leguminosa na América Latina, o que agrava o desmatamento da Floresta Amazônica. A Ásia avança também para ocupar o primeiro lugar do pódio em matéria de emissão de gases do efeito estufa: em 2004, a China emitia 4.707 milhões de toneladas de gás carbônico, a Índia, 1.113, ante os 5.912 dos Estados Unidos e os 3.506 da União Europeia (quinze países).

A pressão ecológica da China – e, em menor grau, da Índia –, lastimável em si mesma, não isenta de culpa os países ocidentais. Se o peso adicional dessas novas potências torna insustentável a crise ecológica, é porque o peso das anteriores já afetava gravemente a biosfera. Não é a China que cria o problema, mas sim o fato de que ela vem se somar aos problemas já constituídos pelos Estados Unidos e Europa. Todos nós, juntos, estamos começando a esgotar a capacidade de recuperação do planeta. Cortamos a floresta mais rapidamente do que o tempo que ela necessita para se regenerar; bombeamos as reservas de água subterrânea mais rápido do que o tempo que elas necessitam para se recarregar; emitimos mais gases do efeito estufa do que a biosfera é capaz de reciclar. A "marca ecológica" de nossas sociedades, ou seja, seu impacto ecológico, segundo o conceito concebido por um especialista suíço, Mathis Wackernagel, é superar a "biocapacidade do planeta". Em 1960, segundo ele, a humanidade utilizava apenas metade dessa capacidade biológica; em 2003, ela chegou a 1,2 vez essa capacidade, quer dizer, consumia mais recursos ecológicos do que o produzido pelo planeta.

Os dois gigantes asiáticos, por outro lado, sofrem em sua própria casa os efeitos perversos de seu crescimento desenfreado: na China, a redução das terras aráveis em prol da urbanização avança muito rapidamente (1 milhão de hectares por ano; em 25 anos, essa perda chegou a 7% da área agrícola). O deserto cresce em mais de 100 mil hectares por ano, e Pequim sofre, todos os anos, com as tempestades de areia vindas do Oeste. Em todas as primaveras, o rio Amarelo fica seco durante várias semanas. Trezentos milhões

de chineses – quase um quarto da população – bebem água poluída, e a poluição do Yang-Tseu-Kiang, o rio mais comprido do país,
tem se tornado tão preocupante que ameaça o abastecimento de
água potável de Xangai, a capital econômica. Os lençóis freáticos
subterrâneos estão poluídos em 90% das cidades chinesas; mais
de 70% dos rios e dos lagos conhecem a mesma situação, segundo
dados oficiais divulgados pela agência Nova China. Cerca de cem
grandes cidades sofrem todos os anos com cortes de água. Vinte
das trinta cidades com maior índice de poluição atmosférica do
mundo se localizam na China. "O ar chinês está também de tal
maneira saturado de dióxido de enxofre que o país conheceu chu-
vas ácidas de uma gravidade raramente igualada. Estima-se que
30% das terras cultiváveis sofram de acidificação", registra o Worldwatch Institute.

Mudança climática, um item da crise global

Para compreender realmente a gravidade da crise ecológica planetária, é fundamental entender que ela não se resume à mudança climática – apresentada, na maior parte das vezes, de modo isolado.
Os diversos desequilíbrios ecológicos formam na verdade um conjunto, e a mudança climática é apenas a faceta mais visível de uma
crise única que se expressa, também, no desaparecimento acelerado
da biodiversidade e na poluição generalizada dos ecossistemas.

Por quê?

Porque as três dimensões aqui descritas não constituem faces
autônomas da realidade. A ciência as isola de modo abstrato apenas para poder estudá-las melhor. Mas, na realidade da biosfera, elas
fazem parte do mesmo fenômeno.

Por exemplo, a construção de uma rodovia e em seguida a sua utilização vão ao mesmo tempo fragilizar a biodiversidade (fraturando o ecossistema por ela então atravessado), poluir o ambiente (emissão de poluentes atmosféricos como o óxido de nitrogênio ou partículas, vazamentos de combustível), incrementar a emissão de gás carbônico ao estimular o tráfego de automóveis e caminhões. Da mesma forma, o lançamento excessivo de gás carbônico produz um aumento de sua absorção pelos oceanos, o que os acidifica e reduz a capacidade dos corais e do plâncton de fabricar a sua própria proteção calcária: nesse caso, se nada mudar, os organismos providos de uma concha chamada "aragonite" terão desaparecido do oceano austral em 2030, com consequências nefastas para as espécies que deles se alimentam, como as baleias ou os salmões.

Outro exemplo de interação: a mudança climática favoreceria a expansão, para fora de seu ecossistema original, de vetores de doenças como os mosquitos portadores da malária, que se deslocariam para os países do hemisfério norte. Estimularia também a erosão da biodiversidade: um estudo científico publicado em 2004 calcula que ela causaria o desaparecimento de 35% das espécies vivas. Certamente exagerado, esse estudo ao menos aponta para a existência de um elo entre os dois fenômenos.

Da mesma forma, no sentido inverso, fatores de destruição da biodiversidade atuam com frequência no favorecimento da mudança climática. Cerca de 20% das emissões de gases do efeito estufa se devem ao desmatamento. De forma mais ampla, a crise da biodiversidade reduz a capacidade da biosfera de absorver ou frear as emissões de gases do efeito estufa, agravando, assim, o seu impacto.

Cabe, portanto, esquecer a ideia de que se trata de crises separadas, que teriam, cada uma, a sua solução própria, independentemente uma da outra. Essa ideia serve apenas a interesses privados, como, por exemplo, os do *lobby* nuclearista, que se utiliza da mudança climática para promover a sua própria indústria. Ao contrário, temos de raciocinar em termos de sinergia dessas crises, da sua imbricação, de sua interação. E admitir um fato desagradável: essa sinergia atua, neste momento, no sentido de favorecer uma degradação, com um poder destruidor que, até o momento, nada parece refrear.

RUMO AO CHOQUE DO PETRÓLEO

A crise ecológica decorre da atividade humana e, portanto, do sistema econômico em vigor. Este poderia ser abalado pelo esgotamento de parte de seu abastecimento energético, ameaça que reflete a crise global que atinge a nossa civilização agonizante: o hidrocarbureto utilizado pelo homem é uma fonte importante de gás com nocivos componentes que contribuem para o efeito estufa e a poluição, enquanto a sua exploração contribui com uma temerosa eficiência para a destruição dos ecossistemas. A crise do petróleo já foi anunciada pela chamada teoria do pico de Hubbert, em referência ao nome do geólogo norte-americano que a formulou inicialmente. Essa teoria demonstra que a exploração de um recurso natural esgotável segue uma curva em forma de sino. O ponto mais alto dessa curva corresponde ao momento em que a exploração atinge o seu nível máximo, para então começar a decrescer.

Desde o início de sua exploração, no século XIX, o petróleo foi extraído em quantidades crescentes, a baixo custo. Mas, a partir de certo momento, o custo da extração se eleva continuamente, ao passo que a produção começa a declinar. Esse momento é chamado de "pico", ou "pico de Hubbert". Ele não caracteriza a etapa em que já não há petróleo, mas aquela em que já não se consegue aumentar a quantidade produzida e a partir da qual o nível de produção deve, inexoravelmente, baixar. Esse decréscimo, que ocorre em um momento em que o consumo mundial continua a aumentar, causará um aumento importante do preço do petróleo.

O ingresso de grandes países emergentes no mercado do petróleo torna a questão do pico petrolífero ainda mais candente. Os dados dispensam qualquer comentário: a China utiliza hoje 1/13 do petróleo utilizado em média por pessoa nos Estados Unidos, e a Índia, 1/20. Se os dois países vierem a atingir nas próximas décadas o nível atual do Japão – o mais comedido dos países desenvolvidos –, acabarão por absorver 138 milhões de barris por dia. Ora, em 2005 o consumo mundial foi de 82 milhões de barris por dia.

Hoje em dia ninguém contesta efetivamente a teoria do pico petrolífero. O gás, por sua vez, seguirá o mesmo caminho, pelos mesmos motivos, com uma defasagem de dez a quinze anos. A única coisa que se discute é o momento em que se atingirá o pico: em 2007, para os mais pessimistas como Colin Campbell, um dos geólogos que popularizou a teoria; em torno de 2040 ou 2050, até 2060, para os mais otimistas. A empresa Total, que, como todo o setor ligado ao petróleo, tem interesse em que o pico se efetive o mais tarde possível, avalia que ele se dará em 2025. Então, quando? Querer dirimir as diferenças seria mero casuísmo. Mas a conclusão do especialista Jean-Luc Wingert é precisa: "Nós já entramos na 'zona de turbulência' que precede o pico mundial e provavelmente não mais sairemos dela".

Os cenários da catástrofe

Façamos um resumo. Entramos em um estado de crise ambiental prolongada e planetária. Ela deverá se traduzir em um abalo, não distante, do sistema econômico mundial. Os possíveis detonadores poderiam se ativar na economia, chegando à saturação e se chocando com os limites da biosfera:

- uma interrupção no crescimento da economia norte-americana, minada por seus três déficits gigantescos – balança comercial, orçamento e dívida interna. Como um dependente de drogas que só consegue se manter em pé por meio de doses repetidas, os Estados Unidos, intoxicados pelo superconsumo, cambaleiam antes da queda;
- um forte freio no crescimento chinês – sabendo-se que é impossível que esse país sustente de modo durável um ritmo anual de crescimento muito elevado. A partir de 1978, a China conheceu um crescimento econômico anual de 9,4%. O precedente japonês não deve ser esquecido: vinte anos de crescimento estonteante para depois ingressar, no início dos anos 1990, em um período prolongado de estagnação. Uma crise chinesa repercutiria em todo o planeta.

É até mesmo possível que não se produza um choque brusco, mas que se prossiga ao ritmo da degradação atualmente em curso, de modo que os povos se habituariam aos poucos, como em um envenenamento gradual, ao total desamparo social e ambiental. Respiros aparentes poderiam também se produzir, devido ao próprio desarranjo já em vigor: por exemplo, o derretimento das geleiras do Ártico provocado pela mudança climática facilitaria o acesso ao petróleo que o oceano polar abriga, trazendo um balão de oxigênio a economias à beira da asfixia.

Nesse último caso, as pessoas que levam a ecologia a sério imaginam outros cenários.

Os especialistas em biodiversidade são os mais cautelosos. Para Michel Loreau, "durante algum tempo, não se perceberão as consequências das perdas na biodiversidade. Mas depois, de repente, catástrofes surgirão: invasões de novas espécies; impossibilidade de controle sobre doenças, e ainda o surgimento de novas doenças, inclusive para as plantas; perda de produtividade dos ecossistemas". Os ambientalistas avaliam que a destruição de ecossistemas abrirá as portas para organismos nocivos que não serão contidos por seus predadores habituais – podendo-se esperar, assim, por grandes epidemias. Não é de outra forma que deve ser entendido o temor que se espalhou entre os especialistas em saúde pública com o advento da gripe aviária. Um deles, Martin McKee, professor da London School of Hygiene and Tropical Medicine, afirma o seguinte a propósito da ameaça infecciosa: "Não posso nem mesmo descartar a hipótese de longo prazo de que um organismo desconhecido apareça e faça desaparecer o *Homo sapiens*".

No que tange ao choque climático e/ou petrolífero, as descrições são mais precisas. Segundo James Lovelock, como já vimos, as guerras se multiplicarão, destruindo a civilização. Para Martin McKee, "por causa do aquecimento, as regiões habitáveis do planeta diminuirão, gerando deslocamentos populacionais sem precedentes desde o fim do Império Romano". O deputado ecologista Yves Cochet, da França, espera pela chegada próxima do pico petrolífero, que se traduziria em "um aumento brutal do preço da energia, provocando o desmoronamento dos sistemas de transporte: a aviação civil se afundaria, todo o meio rural se desorganizaria em razão de sua dependência do automóvel. O choque seria acompanhado de um desemprego massivo e de guerras violentas pelo controle do petróleo do Oriente Médio". Também seria afetada a produção agrícola, em virtude da dependência da agricultura produtivista em relação ao petróleo, com o uso que faz de tratores, fertilizantes industriais e a plantação em estufas. Dois engenheiros, Jean-Marc Jancovici e Alain Grandjean, traçam um cenário semelhante:

Como os ricos destroem o planeta 33

o declínio da produção de petróleo traz consigo "uma recessão significativa. As secas estivais se multiplicam, reduzindo drasticamente a produtividade de cerealistas. A crise energética diminui toda a nossa capacidade de adaptação (que pressupõe uma energia barata e abundante). As doenças tropicais e as epidemias de gripes se multiplicam, mas a infraestrutura de saúde já transborda, verificando-se uma explosão na desigualdade de acesso aos cuidados médicos".

É assustador constatar que esses cenários não nos causam muita surpresa. Antevemos a forma que a catástrofe tomará, pelo simples fato de que já a estamos experimentando em pequena escala: a epizootia da gripe aviária é uma pequenina amostra das grandes epidemias que podemos imaginar, o caos que se seguiu à inundação de Nova Orleans em setembro de 2005 é um ensaio modesto daquilo que ocorrerá com um continente arrasado por tornados, e a canícula do verão de 2003 na Europa foi um sinal das fornalhas que se anunciam. É claro que o futuro apresentará eventos que escapam à nossa imaginação. Mas esta já pode, de modo bastante razoável, partindo dos desastres limitados de hoje, esboçar uma imagem do amanhã.

No entanto, o mais espantoso é que o espetáculo já começa a se formar diante de nossos olhos; os sinais se multiplicam com forte insistência, e nossas sociedades nada fazem. Pois ninguém acredita, seriamente, que toda a louvação existente em torno do "desenvolvimento sustentável"– que se traduz na ocupação de paisagens inteiras com hélices de energia eólica –, a retomada na energia nuclear, a cultura dos biocarburantes, o "investimento socialmente responsável", e outras iniciativas dos diversos *lobbies* em busca de novos mercados, possam produzir nem que seja uma inflexão no atual curso das coisas. O "desenvolvimento sustentável" é uma arma semântica utilizada para sufocar a palavra "ecologia". Será ainda preciso desenvolver a França, a Alemanha, os Estados Unidos? Seria importante que todas as pessoas de boa-fé que acreditam no desenvolvimento sustentável se perguntassem: estão constatando alguma redução nos desmatamentos? Nas emissões de gases do efeito estufa? Do avanço do asfalto pelos campos? Da expansão automobilística no planeta? Do desaparecimento de espécies? Da poluição das águas? Algumas notícias positivas – a permanência do Protocolo de Kyoto, a recuperação da saúde de várias espécies selvagens, o forte crescimento da agricultura biológica – testemunham, é verdade, a luta de alguns e o desejo de muitos de mudar as coisas, naquilo que está ao seu alcance imediato. Mas a tendência mais ampla continua a de se cair ladeira abaixo, e a queda está totalmente desgovernada.

Estamos em 1938 cantando "Tudo vai bem...".

O desenvolvimento sustentável será eficaz se soubermos dar tempo para isso, acreditam eles. Mas o fato é que nós não temos mais tempo. É no máximo nos próximos dez anos que temos de assumir o leme do transatlântico, dirigido hoje por capitães irresponsáveis. A única função real do "desenvolvimento sustentável" é manter os lucros e evitar mudanças de hábito, apenas alterando um pouco o curso. Mas são justamente os lucros e os hábitos que nos impedem de mudar o curso. Qual é a prioridade? Os lucros ou o curso adequado?

A PERGUNTA CENTRAL

Eis a pergunta central: uma vez que tudo isso está muito claro, por que o sistema é tão teimosamente incapaz de se mexer?

Há muitas respostas possíveis.

Uma resposta implícita no senso comum é a de que, no fundo, a situação não é tão grave assim. Se todo cidadão mais atento pode observar aqui e ali inúmeros sinais de alerta, a corrente geral da informação acaba por afogá-los todos em um fluxo único que os relativiza. E há sempre aqueles conservadores mais astutos que, do alto de sua notoriedade, proclamam com base em argumentos tendenciosos que tudo isso não passa de um exagero. Uma variante é a que admite a seriedade do problema mas que, ao mesmo tempo, afirma que poderemos nos adaptar quase que espontaneamente, com o auxílio de novas tecnologias.

É preciso, porém, ir mais longe. Três fatores concorrem para minimizar a gravidade da situação.

Por um lado, o modelo dominante de explicação do mundo, hoje, é o da representação econômica das coisas. Assim, o mundo vive uma prosperidade aparente caracterizada pelo crescimento do PIB (Produto Interno Bruto) e do comércio internacional.

Essa maneira de descrever o mundo é falsa em si mesma, à medida que esse "crescimento econômico" não paga os custos da degradação ambiental. Em termos contábeis, toda empresa tem de reduzir a rentabilidade de sua atividade ao considerar, à parte, os valores, denominados de "amortização", destinados a compensar o desgaste dos meios de produção utilizados; assim, quando esses meios se tornam obsoletos, a empresa tem, em tese, uma reserva para substituí--los. Mas a empresa "economia mundial" não deduz a "amortização da biosfera", vale dizer, o custo da substituição do capital natural que ela utiliza. Aceitável enquanto as capacidades de absorção da biosfera eram grandes, esse tipo de conduta se torna criminoso no momento em que tais possibilidades atingem o limite.

A opinião pública mundial e os responsáveis pela tomada de decisões estão na mesma situação de um dirigente de empresa cujo contador se esquece de registrar em seus balanços a amortização. Eles acham que a empresa vai bem quando, na verdade, caminha para a falência.

Por outro lado, as elites dirigentes são despreparadas. Formadas em economia, engenharia e política, são com frequência ignorantes em ciência e quase sempre desprovidas de qualquer noção em matéria de ecologia. O reflexo comum de uma pessoa que carece de conhecimentos é negligenciar, quando não desprezar, as questões referentes a uma cultura que lhe é estranha e privilegiar assuntos em que tem mais competência. As elites agem da mesma maneira. Daí a subestimação, por parte delas, do problema ambiental.

Um terceiro fator não deve ser esquecido: o modo de vida das classes ricas as impede de sentir o que ocorre ao seu redor. Nos países desenvolvidos, a maior parte da população vive na cidade, afastada do meio ambiente onde começam a se manifestar as fissuras da biosfera. Além disso, encontra-se amplamente protegida dessas fissuras pelas estruturas de gestão coletiva criadas no passado e que conseguem amortizar os choques (inundações, secas, sismos...), quando estes não são violentos demais. O homem ocidental médio passa a maior parte de sua existência em locais fechados, indo do carro ao escritório com ar-condicionado, abastecendo-se em supermercados sem janelas, deixando os filhos na escola de automóvel, distraindo-se em casa diante da televisão ou do computador etc. As classes dirigentes, que formam a opinião pública, encontram-se mais afastadas ainda do ambiente social e ecológico: só se deslocam de carro, moram em lugares climatizados, movimentam-se em circuitos de transporte – aeroportos, bairros comerciais, zonas residenciais – que os mantêm ao abrigo do contato com a sociedade. Evidentemente, tendem a minimizar os problemas dos quais têm uma imagem abstrata.

Quanto aos que já se defrontaram com os desarranjos sociais e ecológicos da crise em curso – os pobres dos subúrbios ocidentais, os camponeses da África ou da China, empregados das *maquiladoras* norte-americanas, moradores de favelas do mundo todo –, esses não têm nenhuma voz ativa.

À pergunta "por que nada muda se é tão obviamente imperiosa a necessidade de mudar?", poderia ser acrescentado outro tipo de resposta. O desmoronamento da URSS e o fracasso do socialismo nos anos 1980 acabaram com a possibilidade de se referir a alguma alternativa, ou, mais ainda, tornaram irrealista a ideia de sua existência. O capitalismo se beneficiou de sua inegável vitória sobre a União Soviética, ao mesmo tempo que se via estimulado pela irrupção da microinformática e as tecnologias digitais, que desempenharam um papel estruturador comparável ao do desenvolvimento das estradas de ferro no século XIX e do automóvel no século XX. Além disso, o socialismo, que se tornou o centro gravitacional da esquerda, baseava-se no materialismo e na ideologia do progresso do século XIX. Foi incapaz de incorporar a crítica ambientalista. O caminho se encontra livre, assim, para uma visão unilateral do mundo, que usufrui do seu triunfo negligenciando os novos desafios.

Mas nenhuma dessas respostas é suficiente. A solução é outra, e engloba todas elas.

Se nada acontece em um momento em que entramos em uma crise ecológica de proporções históricas é porque os poderosos deste mundo querem que seja assim.

Trata-se de uma constatação cruel, e a continuação deste livro irá justificá-la. Mas é dela que devemos partir, pois, caso contrário, os diagnósticos precisos de Lester Brown, Nicolas Hulot, Jean-Marie Pelt, Hubert Reeves, entre outros, que terminam invariavelmente com um apelo "à humanidade", não passam de água com açúcar sentimentaloide.

Cândidos camaradas, existem homens maus no mundo.

Para ser um ambientalista, é preciso parar de ser ingênuo.

O social continua a ser o ponto não considerado pelos ambientalistas. O social significando as relações de poder e das riquezas no interior das sociedades.

Simetricamente, a ecologia é o ponto não considerado pela esquerda. A esquerda significando aqueles para quem a questão social – a justiça – continua sendo a principal. Vestida com aquilo que ainda resta dos farrapos do marxismo, ela repinta sem parar os retratos do século XIX, ou então se afunda no "realismo" do "liberalismo equilibrado". Assim, a crise social – marcada pelo aprofundamento das desigualdades e pela dissolução dos laços de solidariedade privados ou públicos –, que parece se sobrepor à crise ecológica, serve, na verdade, para afastá-la de seu campo de visão.

Temos, então, os ambientalistas ingênuos – a ecologia sem o social –, uma esquerda congelada no tempo, em 1936 ou 1981 – o social sem a ecologia –, e os capitalistas satisfeitos: "Discurse bastante, minha boa gente, e, sobretudo, continue dividida".

É preciso superar esse hiato, compreendendo que crise ecológica e crise social são as duas faces de um mesmo desastre. E que esse desastre é gerado por um sistema de poder que tem como única finalidade manter os privilégios das classes dirigentes.

Capítulo 2

CRISE ECOLÓGICA, CRISE SOCIAL

O GRANDE depósito de lixo da Cidade da Guatemala não fica longe do centro. Ele é chamado, simplesmente, de *Relleno Sanitario*. A rua que leva até ali muda de caráter sutilmente, à medida que avançamos: sacos com material recuperado começam a aparecer na frente de algumas lojas, vemos pessoas passando com sacos de lixo, as casas ficam mais raras e agora avançamos entre dois muros de concreto. Quando eles terminam, chegamos. Trata-se de uma imensa pedreira, que vai sendo paulatinamente preenchida com o lixo prensado em um vale estreito. Nossa caminhonete segue lentamente, em uma sequência de caminhões de lixo. O cenário é grande e colorido, rodeado de falésias e uma favela alojada em uma ladeira. Dezenas de caminhões amarelos – e algumas carroças puxadas por cavalos – são esvaziados a mão em um terreno coberto de todo tipo de plástico, de todas as cores, pontinhos verdes, azuis, amarelos... Paira no ar um odor enjoativo. Em meio a esse campo de lixo e terra empurrados por algumas escavadeiras, centenas de homens, mulheres e crianças vasculham, recolhem coisas, enchem sacos; às vezes ficam ali sentados, conversando. Cachorros vagueiam aqui e ali, enquanto aves negras, contra um céu azul, sobrevoam a área, ou a percorrem no chão, em bandos. O lixão ocupa vários hectares. Em um dos cantos se veem alguns barracos feitos de madeira, plástico e chapas onduladas de zinco: ali estão instalados um bar – onde se pode fazer uma refeição – e alguns vendedores, além de moradores. Vemos um pouco de carne, também, em alguns caminhões – será servida naquele bar? Quem sabe?

O lixão avança, então, pelo vale por onde serpenteia o rio Baranco, a cerca de trinta metros, em um nível inferior àquele onde se acumula o lixo prensado que aos poucos o preenche. Velho rio, hoje asfixiado, poluído, só recolhe o sumo proveniente de forma abundante da montanha de imundícies, quando chove. Deslizamentos ocorrem com frequência, e são recobertos com camadas de terra trazidas pela municipalidade. Assim, a montanha podre vai avançando, seguindo o curso do rio envenenado.

Araceli e Gamaliel têm cerca de trinta anos de idade. Trabalham ali há dois anos e moram a cerca de vinte quilômetros do local. Vêm todos os dias de ônibus. O casal ganha 35 quetzales (3,5 euros) por dia. Não têm nenhuma especialidade. Recolhem tudo o que conseguem, e o revendem a alguns comerciantes instalados no lixão. Estes desovam esse butim no maior mercado da cidade, que fica perto da estação rodoviária. Em dia de chuva, é impossível trabalhar. Araceli e Gamaliel comem pouco, daquilo que eles mesmos prepararam em casa. Ele era mecânico na Nicarágua. O patrão não queria lhe pagar, e ele então foi embora. Não tem documentos, mas aqui não se vê nenhuma polícia. Araceli tem quatro filhos. Ela trabalhava cuidando de crianças, mas perdeu o emprego. Escolheu este trabalho para sobreviver.

Christian, da organização Médicos sem Fronteiras, comenta comigo que os *guajiros* sofrem de muitas doenças respiratórias. Mas o nosso pequeno grupo começa a atrair a atenção, e é melhor ir embora. Partimos, então, para um pequeno vale não muito distante do lixão, onde uma pequena vila se formou sobre o terreno movediço de outro depósito de lixo já saturado. As pessoas que moram ali não tinham casa, conta Mateo Suretnoj. Cinco famílias se uniram e organizaram a invasão, ocorrida em 14 de outubro de 1999. Eram, em sua maioria, *guajiros* que trabalhavam no lixão – com 35 quetzales por dia fica impossível pagar por uma moradia. A polícia não reagiu, e o prefeito permitiu que se instalassem ali. Chegaram apenas com folhas de plástico. Pouco a pouco, foram construindo seus barracos, e a "Comunidade 14 de Outubro" conta, agora, com cerca de quinhentos habitantes. As crianças frequentam a escola. À noite, às 22 horas, o terreno da comunidade é trancado a chave. A municipalidade instalou infraestrutura de água e de energia elétrica. Sobre o solo batido, várias ruas já são asfaltadas. Em todas as casas uma tubulação é colocada sob o piso, a cerca de cinquenta centímetros de profundidade, para dar vazão aos gases de fermentação que se formam a partir do lixo que está debaixo da terra. Plantam-se ciprestes e magnólias, para conter a erosão. Mas o terreno se movimenta, e sempre surgem rachaduras nas muretas.

Estávamos em novembro de 2001. Eu retornava de uma reportagem sobre a pobreza vigente nas colinas do interior guatemalteco, e sobre as feridas, ainda abertas, deixadas pelo terrível ciclone Mitch, que varrera a América Central dois anos antes. Caí, se podemos dizer assim, nesse universo miserável, rebotalho da capital, Cidade da Guatemala, ela própria impregnada de desesperança e violência. Aquelas poucas horas que passei no lixão mereciam uma reportagem mais aprofundada. Mas, em Paris, meu interlocutor no jornal me dizia, com certo tom de enfado, que não se tratava, propriamente, de um assunto muito original.

Na verdade, tinham sido poucas as vezes em que o jornal abordara populações que vivem em lixões. Mas admito, por outro lado, não ser realmente novo o fato de milhares de miseráveis, nos quatro cantos do planeta – em Manila, no Cairo, na Cidade do México, ou em quase todas as capitais da América Latina –, enfrentarem diariamente a merda, as doenças e a indignidade para ganhar alguns centavos.

A miséria está tão difundida que se torna, sim, uma banalidade enfadonha. E não haveria nada de muito picante em contar o que se passa na Cidade da Guatemala. Nada de muito apaixonante, também, em descrever Fatai-Karma, pequeno vilarejo do Níger, mais um entre tantos outros, onde os homens comentam a seca, a partida obrigatória dos jovens em "êxodo", os dias de escassez, quando não há mais nada – "Então só nos resta a morte", diz um homem, e todos riem. Nada de muito original, tampouco, naqueles sujeitos que lhe pedem uma esmola, em Saskatoon, cidade rica do oeste do Canadá, em uma noite de inverno em que o termômetro marca quinze graus abaixo de zero. Nada de muito excitante existe em simplesmente relatar aquilo que os habitantes das grandes cidades do planeta já veem exaustivamente e sem mais prestar atenção.

Veja, por exemplo, o mapa de miséria desenhado pelo itinerário que eu mesmo sigo para ir ao trabalho, em Paris – e se trata, apenas, de um entre outros incontáveis mapas de miséria. Rua de Buzenval: quando o correio abre, uma romena se põe ao lado da porta oferecendo *L'Itinérant*, um tabloide semanal vendido a preços módicos nas ruas por pessoas carentes, cuja finalidade é fornecer-lhes um meio de sobrevivência. Do outro lado da rua, em um ângulo formado por duas paredes, três homens com seus trinta anos de idade se instalarão no fim da tarde para uma conversa interminável, regada a latas de cerveja e vinho rosé. Na entrada do metrô, uma mulher de cabelos grisalhos aparece, intermitentemente, para pedir esmola. Desço a rua Montreuil, e depois a rua du Faubourg Saint-Antoine, sem topar com mais nenhum pobre-coitado – mas, se pegasse à direita, no cruzamento das ruas Faidherbe e Chanzy, eu depararia com uma das tendas distribuídas no inverno de 2005 pelos Médicos sem Fronteiras e que dão a aparência de um teto para os moradores de rua. Se seguir pela avenida Ledru-Rollin, volto a encontrar alguns pobres sob a ponte que vai em direção ao cais de Austerlitz: um grupo de pessoas se instalou ali. Homens muito jovens que, durante o dia, interpelam os passantes pedindo-lhes para depositar uma "contribuição" em uma lata de conserva amarrada com um pedaço de barbante na ponta de uma vara – eles pescam moedas. Do outro lado da praça, antes do ponto de ônibus, um respiradouro do metrô exala uma nuvem de calor. É raro não ver alguém deitado ali, sem cobertor, dormindo sobre a grade, a dois passos da barulheira e dos canos de escapamento dos veículos que fazem o trânsito intenso do local. Na rua Buffon, em frente ao Jardim das Plantas, homens dormem com frequência em sacos de dormir na entrada de um prédio mais recuado que forma, assim, um cantinho acolhedor. Menos confortáveis, as grades de respiradouros um pouco mais acima, na mesma rua, à direita, são às vezes ocupadas por vagabundos que transformam algumas folhas de papelão em colchonete. Havia também nesse local um homem que vasculhava as lixeiras antes da passagem do caminhão de lixo, mas faz tempo que não o vejo. O próximo marco nesse circuito de infortúnios que percorro com minha bicicleta fica na rua Broca, sob a ponte do Bouvelard Pont-Royal: trata-se de um dormitório sem paredes, mobiliado com um grande colchão, um sofá todo esburacado e um amontoado heterogêneo de cacos plásticos, folhas de papelão e carrinhos de compra cheios de bugigangas. Chego, então, ao jornal em que trabalho. Antigamente, dois moradores de rua tinham instalado sob o viaduto do metrô uma improvável cabana, onde passavam os dias em meio a um amontoado de objetos, simulando um lar permanente. O Lobo Mau deve ter passado por lá e soprado muito forte sobre a casinha de palha, pois já não há mais nada. Tenho certeza de que, como eu, meus colegas jornalistas se diziam, com algum aperto no coração, que havia

Como os ricos destroem o planeta 45

ali um registro a ser feito, um desses esboços que tanto têm a dizer sobre o nosso mundo. Mas bem ali, diante dos nossos olhos... fácil demais... Muito banal.

A miséria. Os pobres. *Et cætera*.

A VOLTA DA POBREZA

A emoção – ou a empatia – sempre compõe um quadro incompleto. Os dados complementam a figura.

"No inverno de 2005-2006, os albergues para moradores de rua registraram um aumento de procura em 54% dos departamentos franceses", informou, em abril de 2006, a ministra da Coesão Social. Cada vez mais pessoas, talvez algumas centenas de milhares, na França, vivem em *trailers*. Segundo o UNICEF (Fundo das Nações Unidas para a Infância) e o BIT (Bureau Internacional do Trabalho, também uma agência das Nações Unidas), mais de 120 milhões de crianças vivem sozinhas.

"Em 2004, na França, cerca de 3,5 milhões de pessoas receberam um subsídio oficial básico, ou seja, um aumento de 3,4% em relação ao ano anterior. O número de beneficiários do RMI (Renda Mínima de Inserção, equivalente a 425 euros para uma pessoa sozinha e 638 euros para o casal) aumentou em 8,5%, chegando a 1,2 milhão de pessoas. Principais vítimas: pessoas sozinhas, famílias monoparentais e os jovens."

Segundo o ONPES (Observatório Nacional da Pobreza e da Exclusão Social), registraram-se na França, em 2003, 3,7 milhões de pobres, sendo eles 7 milhões (ou 12,4% da população), segundo a definição adotada pela União Europeia. Qual é a definição mais comum de pobreza? É um determinado patamar de renda: é pobre, na França, a pessoa que ganha menos que 50% do ingresso médio.

O ingresso médio é a quantia que divide a população ao meio, com metade das pessoas abaixo desse nível e a outra acima dele. Esse patamar era de 1.254 euros mensais em 2006, já livres de impostos e considerando os aportes públicos, como, por exemplo, o da chamada renda mínima. Esse nível se acomoda conforme o número de pessoas por habitação: cada adulto suplementar e cada criança com mais de catorze anos contam como meia parcela suplementar, e cada criança com menos de catorze anos com 0,3 de uma parcela. Por exemplo, a renda média de um casal com duas crianças de menos de catorze anos é de 2.633 euros; e uma família com essa mesma composição será considerada pobre se sua renda for inferior à metade dessa cifra, ou seja, 1.316 euros. A definição da União Europeia adota o mesmo enfoque, mas estabelece o patamar de pobreza em 60% da renda média.

Na Suíça, a Associação Caritas estima em 1 milhão de pessoas o total de pobres em 2005, equivalendo a 14% da população; em 2003, eles eram 850 mil; já os indigentes – pessoas desprovidas de qualquer renda – somavam 6% da população daquele país. Na Alemanha, a proporção de pessoas vivendo abaixo do nível de pobreza passou de 12,1% da população em 1998 para 13,5% em 2003. Na Grã-Bretanha, ela chegava, em 2002, a 22%. Nos Estados Unidos, 23% da população se encontra abaixo da metade da renda média (de acordo, portanto, com a definição francesa de pobreza). No Japão, "o número de casais que não dispõem de nenhuma economia dobrou em cinco anos, chegando a 25%. [...] O número de lares que dependem de auxílio social subiu em um terço em quatro anos, chegando a um milhão".

Os pobres são preguiçosos? Não. A ocupação de um cargo remunerado já não protege o trabalhador de uma situação de carência. Sabemos que "um terço das pessoas sem domicílio fixo da capital declara ter um emprego", e que várias dezenas de funcionários da própria prefeitura de Paris perderam sua moradia. Como explica o economista Jacques Rigaudiat: "Com o aumento na quantidade de CPD (Contrato com Prazo Determinado), do trabalho temporário, e, hoje em dia, do CNE (Contrato de Novo Emprego), assistimos a um deslocamento das formas tradicionais do estatuto do emprego". O ONPES o confirma: "O caráter precário de um número crescente de empregos e a fragilidade de algumas remunerações levam pessoas a uma condição de pobreza mesmo tendo trabalhado o ano inteiro". Trata-se de um fenômeno nada negligenciável. Para Pierre Concialdi, pesquisador do IRES (Instituto de Pesquisas Econômicas e Sociais), "conforme os níveis considerados ou as fontes estatísticas, há na França entre 1,3 milhão e 1,6 milhão de trabalhadores pobres. Nos últimos anos, tudo leva a crer que o fenômeno está se ampliando". A evolução é a mesma em outros países, como no caso da Alemanha. Segundo Franz Müntefering, ministro do Trabalho, "300 mil assalariados em tempo integral ganham tão pouco dinheiro que precisam apelar para o auxílio social".

Especialistas divergem quanto ao fato de a pobreza estar ou não crescendo. Segundo a Rede de Alerta para as Desigualdades, que publica o Bip 40 (Barômetro das Desigualdades e da Pobreza), que reúne cerca de sessenta indicadores além da renda monetária, "o aumento das desigualdades e da pobreza tem sido contínuo nos últimos vinte anos". O INSEE (Instituto Francês de Estatística Econômica) calcula, no entanto, que a taxa de pobreza caiu levemente entre 1998 e 2002. Há consenso, porém, quanto à ideia de que, após várias décadas de regressão, a pobreza já não apresenta nenhum recuo. "Há uma inversão da tendência", resume Louis Maurin, diretor do Observatório das Desigualdades.

Acrescente a isso o fato de que a pobreza não é mais uma espécie de domínio isolado da sociedade, um inferno bem delimitado e lamentável: hoje, todo o corpo social está envolvido em um ciclo de fragilização. "As fronteiras da pobreza estão embaralhadas", observa Martin Hirsch, presidente da Emmaüs France. "Não há de um lado os pobres, correspondendo estritamente à definição estatística do termo, e do outro 90% da população a salvo da pobreza. Ao contrário, o que se observa é uma difusão dos fatores de precariedade, formando como que um grande halo de vulnerabilidade que vai muito além da população com renda inferior ao nível de pobreza monetária." Para Jacques Rigaudiat, seria mais apropriado falar em precariedade que em pobreza: "Um quarto ou um terço da população vive em situação precária. São, *grosso modo*, 20 milhões de pessoas, ou seja, os casais que recebem menos de 1,7 ou 1,8 do SMIC (salário mínimo interprofissional de crescimento)" – 20 milhões, ou seja: um terço da população da França.

A GLOBALIZAÇÃO DA POBREZA

Se os países desenvolvidos estão redescobrindo a pobreza, ela continua bastante presente nos países do Sul. "Um bilhão de pessoas vive na pobreza absoluta, com menos de um dólar por dia", destaca o PNUD (Programa das Nações Unidas para o Desenvolvimento), enquanto outro bilhão procura sobreviver com menos de dois dólares por dia. Calcula-se, também, que 1,1 bilhão de pessoas não dispõem de água potável e que 2,4 bilhões não têm instalações sanitárias adequadas.

Seria, porém, falacioso apresentar um quadro de empobrecimento generalizado. A expectativa de vida está em crescimento nos países do Sul, o que constitui um sinal de melhora incontestável, enquanto a pobreza extrema recuou, passando de 28% da população mundial, em 1990, para 21% na atualidade.

A importância da China e, em menor grau, da Índia pesa bastante nessa evolução planetária. O crescimento dos dois gigantes asiáticos provocou um enriquecimento médio de suas populações, traduzido por uma redução no número de pobres: "A parcela da população chinesa que vive com menos de um dólar por dia caiu de 66%, em 1980, para 17%, em 2001, e, na Índia, de mais de 50%, em 1980, para 35%, em 2001". Da mesma forma, a China conseguiu diminuir em 58 milhões, desde 1990, a quantidade de cidadãos que passam fome.

Mas em escala mundial os avanços se desaceleraram muito: "A partir de meados dos anos 1990, a pobreza medida pelo patamar de um dólar por dia diminuiu de forma cinco vezes mais lenta que no período 1980-1996". A fome também não apresenta redução. O relatório de 2003 da FAO (Fundo das Nações Unidas para Agricultura e Alimentação) sobre a insegurança alimentar surpreendeu os especialistas: o total de famélicos no mundo inteiro, que vinha caindo continuamente havia várias décadas, voltou a subir a partir de 1995-1997. Estimava-se, assim, em 800 milhões o número de habitantes dos países subdesenvolvidos que comem abaixo de suas necessidades, enquanto 2 bilhões de seres humanos padecem de carências alimentares. A própria Índia assiste novamente a um aumento no número de cidadãos subnutridos (221 milhões), e a China fracassa na tentativa de diminuir o seu total (142 milhões). "A inflexão da tendência", explicou em Roma um especialista da organização, Henri Josserand, "remete ao crescimento da pobreza. É bem verdade que a produção agrícola mundial cresce mais rapidamente que a população, e que há comida suficiente para todos. Mas os pobres são cada vez mais numerosos e carecem de meios de acesso a uma alimentação regular".

No fundo, em nível mundial, a máquina social está em pane. O crescimento geral da riqueza monetária dificilmente se traduz em progresso das condições materiais de existência da grande massa da população. Um dado chocante a esse respeito se refere à extensão da pobreza urbana: a urbanização não é mais o que era, ou seja, um meio de que os camponeses dispunham para melhorar o seu futuro, fugindo da indigência rural. Não só há 1 bilhão de cidadãos (contra 3 bilhões no mundo) vivendo em favelas, destaca a Organização das Nações Unidas para Moradia, como a pobreza se torna um "aspecto importante e em expansão na vida urbana". Foge-se da escassez do campo, mas acaba-se nas cidades em barracos sem água nem eletricidade, em busca de empregos instáveis, com total incerteza em relação ao amanhã. E, com frequência, de barriga vazia.

OS RICOS CADA VEZ MAIS RICOS

Não existe relação obrigatória entre pobreza e desigualdade. Mas, hoje em dia, a pobreza se espalha como reflexo das desigualdades, tanto dentro das sociedades como entre grupos de países.

Na França, segundo o INSEE, "a renda bruta média dos 20% dos casais mais abastados é 7,4 vezes superior à dos 20% mais modestos. A diferença cai para 3,8 se forem considerados os encargos fiscais (impostos diretos, CSG – Contribuição Social Geral, CRDS – Contribuição para o Reembolso da Dívida Social etc.) que recaem sobre os primeiros e os diversos aportes e auxílios sociais alocados para os demais". Segundo Pierre Concialdi, do IRES, "nos últimos vinte anos, a situação salarial média se degradou: os salários não aumentaram, nem de longe, no mesmo ritmo que o crescimento. A tendência é a mesma no caso dos benefícios sociais. Paralelamente, a massa de rendimentos do patrimônio multiplicou-se por três, nos termos do poder de compra, desde o fim dos anos 1980".

Essa ampliação da escala das desigualdades é vista em todo o mundo ocidental. Para o economista Thomas Piketty, desde 1970 "a desigualdade só·aumentou realmente nos Estados Unidos e no Reino Unido, mas em todos os países a desigualdade, em matéria de salários, no mínimo parou de cair nos anos 1980". Com efeito, um estudo realizado por Piketty e por Emmanuel Saez mostra que nos Estados Unidos, no Canadá e no Reino Unido a desigualdade voltou, a partir dos anos 1990, ao nível bastante alto em que se encontrava nos anos que precederam a Segunda Guerra Mundial: os 10% mais ricos da população ficam com mais de 40% do produto total, parcela esta que vinha permanecendo estável, em torno de 32%, desde 1945.

Nos Estados Unidos, resume a revista *The Economist*, "a desigualdade de renda atingiu patamares jamais vistos desde 1880. [...] Segundo uma instituição de pesquisas de Washington, o Economic Policy Institute, entre 1979 e 2000 a renda real das famílias pertencentes aos 20% mais pobres da população cresceu 6,4%, ao mesmo tempo que a dos 20% mais ricos cresceu 70%. [...] Em 1979, a renda média do 1% situado no topo da sociedade era 133 vezes maior que as dos 20% mais modestos; em 2000, essa relação era de 189 vezes". "A desigualdade aumentou continuamente nos últimos trinta anos", regozija-se a revista conservadora *Forbes*, que pode, assim, destacar que os presidentes democratas, de Carter a Clinton, em nada modificaram essa tendência estrutural...

No Japão, observa o jornalista Philippe Pons, até o começo dos anos 1990 "a maioria dos japoneses acreditava pertencer a uma ampla classe média. Essa percepção simplesmente explodiu". Na atualidade, "as desigualdades começaram a se aprofundar em consequência da bolha financeira [...] O fosso se aprofundou entre os mais jovens (de vinte, trinta anos) em razão da precarização e da fragmentação do mercado de trabalho com o crescimento do emprego temporário ou interino. [...] A uma classe superior que surfa na onda da retomada se contrapõe outra, puxada para baixo: as famílias de renda intermediária, principais vítimas da recessão, que viram seu nível de vida se deteriorar".

Por toda parte, o poder de compra se desvinculou dos ganhos de produtividade, diferentemente do que ocorria entre 1945 e 1975. E as situações sociais se enrijeceram: "Em meados dos anos 1950", escreve Louis Maurin, "os executivos recebiam em média quatro vezes mais que os operários, mas estes podiam esperar atingir o salário médio dos executivos entre 1955 e 1985, considerando o ritmo da progressão dos salários de modo geral. No meio dos anos 1990, os executivos recebiam 'só' 2,6 vezes o salário médio dos operários, mas estes teriam de esperar três séculos para pensar em atingir esse nível." Ganhamos bem menos que os outros, o que é suportável, mas perdemos a esperança de alcançá-los, o que já não é tão suportável assim. A mobilidade social está em pane.

Daí resulta uma nova desigualdade entre gerações: os integrantes das classes médias e modestas descobrem que não podem garantir a seus filhos um nível de vida melhor que o seu. O patrimônio e a renda dos adultos com mais de quarenta ou cinquenta anos são nitidamente maiores que os dos adultos mais jovens. Os pobres já não são os mesmos de vinte anos atrás, observa o sociólogo Louis Chauvel: "Antigamente, eram idosos que logo morreriam. Hoje, os pobres são principalmente jovens, com um longo futuro de pobreza".

Considerar apenas a renda, aliás, encobre o panorama mais geral. Seria preciso avaliar também o patrimônio, que é bem menos contabilizado pelos estatísticos que a renda. Nesse caso, as disparidades são ainda maiores que nos salários ou na renda. "Se, em matéria de poder de compra, a relação entre os 10% mais ricos e os 10% mais pobres da população é, segundo o INSEE, de 1 para 4, ela passa a ser de 1 para 64 quando se trata do valor dos bens possuídos! Mais ainda", continua o jornal *Marianne*, "se no caso da população mais simples não fossem contabilizados os bens duráveis, como as motonetas, por exemplo, essa proporção tenderia ao infinito." As rendas de todo esse capital beneficiam antes de tudo os mais ricos. A desigualdade patrimonial leva a uma desigualdade concreta bem maior que aquela indicada apenas pela renda.

SURGIMENTO DA OLIGARQUIA GLOBAL

Na maioria dos países não ocidentais, a desigualdade é, normalmente, muito grande. Na Guatemala, em 1997, 20% da população concentrava 61% da renda nacional. Geralmente, a América Latina e a África possuem estruturas bem mais desiguais que a Ásia ou os países desenvolvidos. Mas, tanto na Ásia como nos países ricos, a desigualdade vem ganhando terreno. Na Índia, o enriquecimento do país "não foi acompanhado de uma queda espetacular da pobreza", observa o PNUD. Na China, como resume a publicação mensal *Alternatives Économiques*, "a resposta do Partido Comunista [à revolta estudantil de 1989] consistiu em acelerar o desenvolvimento econômico reforçando, ao mesmo tempo, o seu controle em todas as áreas: política, mídia, judiciário e economia. Formou-se, de uma hora para outra, uma oligarquia, associando estreitamente o poder político, ainda comunista e ditatorial, a um poder econômico cada vez mais declaradamente capitalista e orientado para o enriquecimento pessoal. Tudo isso sem se preocupar com a situação dos que ficam abandonados à sua própria sorte, que continua a se agravar. Em apenas trinta anos, a China se tornou, assim, um dos países mais desiguais do planeta". Um empresário chinês, Zhang Xin, da empresa imobiliária Soho China, corrobora essa análise: "O maior desafio com que se depara a China é a disparidade na renda. Os que já estão no topo continuam crescendo, enquanto a massa da população ainda procura os meios para satisfazer as suas necessidades mais elementares".

Cabe lembrar, por fim, a imensa distância existente entre países ricos e países pobres. Segundo o PNUD, ela já não se reduz como antes em quesitos como expectativa de vida, mortalidade infantil ou analfabetismo. Não só os países pobres "não conseguiram reduzir a pobreza, como registram um atraso cada vez maior em relação aos países ricos. Medido em seus pontos extremos, o fosso entre o cidadão médio dos países mais ricos e o dos países mais pobres é imenso e continua a se ampliar. Em 1990, o norte-americano médio era 38 vezes mais rico que o tanzaniano. Hoje, ele é 61 vezes mais rico".

A desigualdade entre países do Norte e países do Sul possui outra forma. O rápido desenvolvimento da China – como também o da Índia ou o do Brasil etc. – se realiza a um custo ambiental imenso. É verdade que, nos séculos XIX e XX, a Europa e os Estados Unidos também cresceram rapidamente à custa de uma poluição enorme e da transformação massiva de seu meio ambiente. Os grandes países emergentes seguem o mesmo caminho de seus precursores. Mas estes se beneficiavam de um recurso essencial: o amortecedor biológico que o restante da biosfera formava para absorver a sua poluição. Os países do Sul não dispõem mais dessa riqueza, e o limite ambiental vai reprimir muito mais rapidamente o seu progresso. O Sul "não consegue amortecer os impactos negativos do crescimento, e esse é um problema fatal", escreve Sunita Narain, diretora do Centro para a Ciência e o Meio Ambiente de Nova Délhi, na Índia.

PARA DIMINUIR A POBREZA, TIRAR DOS RICOS

À luz desse quadro resumido da pobreza e da desigualdade no mundo, cabe fazer duas observações.

Em primeiro lugar, a pobreza não é um estado absoluto. Para entender isso melhor, basta lembrar outra de suas definições, adotada pelo Conselho da Europa em 1984: são pobres "as pessoas cujos recursos (materiais, culturais ou sociais) são tão escassos que elas se veem excluídas do modo de vida minimamente aceitável em um Estado-membro onde vivam". O que significa dizer que a pobreza é sempre relativa: um pobre na Europa de hoje é, sem dúvida, mais rico que um servo na Idade Média ou que um mineiro nos tempos de *Germinal*; da mesma forma, ele é mais rico que um jovem desempregado de La Paz ou de Niamey. Um cidadão como Mateo, por exemplo, de uma favela da Cidade da Guatemala, certamente sentiria inveja do *trailer* em que mora um trabalhador empregado de Toulouse em dificuldades e para quem esse mesmo *trailer* é um sinal de decadência.

Em uma mesma sociedade, a pessoa é pobre, antes de tudo, por ser muito menos rica que os ricos. Esse caráter relativo da pobreza, que ganha a forma de um truísmo aparente – é-se pobre porque não se é rico –, tem uma consequência crucial: ele significa que uma diminuição da desigualdade (seja em uma sociedade, seja em nível planetário) reduz a pobreza.

Essa observação, que beira o senso comum, deve ser complementada com o seguinte aspecto: uma política que vise a reduzir a desigualdade teria também de reforçar os serviços coletivos independentes da renda de cada um. Com efeito, em geral, quanto mais desigual é uma sociedade, menos garantidos são os serviços coletivos por ela prestados. Por exemplo, nos Estados Unidos, o país mais desigual dos países ocidentais, "os gastos [da população] com saúde representam 14% do PIB (ante 10,3% nos Países Baixos e na França)", destaca André Cicolella; "cerca de 60 milhões de norte-americanos não dispõem de assistência médica, os custos de gestão são de 14% (ante 5% na França)", ao mesmo tempo que "os indicadores de infraestrutura sanitária, segundo a OMS [Organização Mundial de Saúde], colocam os Estados Unidos em 37º no ranking mundial, bem atrás de todos os países europeus, assim como da Costa Rica e do sultanato de Oman". A melhora na prestação de serviços coletivos levaria, assim, a uma melhora na situação material dos pobres. Imagina-se que isso poderia ser feito com base na transferência de parte dos recursos dos ricos para esses serviços, úteis a todos.

MISÉRIA ECOLÓGICA: UMA POBREZA ESQUECIDA

Segunda observação: a pobreza está relacionada com a deterioração ecológica. Os pobres vivem nos locais mais poluídos, nas proximidades das zonas industriais, perto de corredores rodoviários, em bairros mal servidos de água ou de coleta de lixo. Outra forma, além da financeira, de captar a pobreza passa, assim, pela descrição das condições ambientais de existência. Além disso, são os pobres que sofrem, prioritariamente, o efeito da crise ecológica: na China, adverte Zhou Shenxian, ministro do Meio Ambiente, "o meio ambiente se tornou uma questão social que impulsiona as contradições sociais"; em 2004, informa ele, o país registrou 51 mil conflitos relacionados à questão ambiental. Incluem-se aí, por exemplo, dezenas de "vilarejos do câncer", cercados de fábricas do setor químico que, sem nenhum pudor, liberam poluentes no ar e na água, provocando doenças graves em seus vizinhos, totalmente impotentes. Da mesma maneira, multiplicam-se os conflitos relacionados ao roubo de terras de camponeses para alimentar a especulação imobiliária desenfreada: 74 mil em 2004, ante 58 mil em 2003; esse conflito de apropriação de terras provoca choques sangrentos (seis camponeses mortos pela polícia em junho de 2005, e vinte em dezembro do mesmo ano).

Não se trata de uma particularidade chinesa. Os conflitos de terra são violentos no Brasil (39 assassinatos em 2004). A mudança climática afeta, antes de tudo, aos camponeses do Sahel. A expansão das lavouras de soja na América Latina se realiza em boa parte em prejuízo de pequenos proprietários. As catástrofes de origem natural – inundações, ciclones, maremotos – atingem mais violentamente os pobres, já que estes não têm meios para se proteger nem seguro para receber reembolso.

"Em inúmeros casos", constatam os especialistas do Millenium Ecosystem Assessment, "são os pobres que sofrem com a perda de serviços ecológicos devido à pressão exercida sobre os sistemas naturais em benefício de outras comunidades, frequentemente em outras partes do mundo. Por exemplo, as barragens beneficiam sobretudo as cidades às quais fornecem água e eletricidade, ao passo que a população rural pode perder o acesso à terra e à pesca. O desmatamento na Indonésia ou na Amazônia é em parte estimulado pela demanda de madeira, papel e produtos agrícolas de regiões distantes das zonas exploradas, enquanto os indígenas sofrem com o desaparecimento dos recursos da floresta. O impacto da mudança climática se produzira principalmente sobre as áreas mais pobres do mundo – por exemplo, reforçando a seca e diminuindo a produção agrícola das regiões mais secas –, ao mesmo tempo que a emissão de gases provém, essencialmente, das populações ricas."

A relação entre pobreza e crise ecológica passa, além disso, pela agricultura. Em nível mundial, a pobreza afeta majoritariamente os camponeses: dois terços das pessoas que sobrevivem com menos de um dólar por dia vivem em zonas rurais. A opção implícita dos poderes econômicos em todo o planeta é considerar que a questão se resolverá com o êxodo rural, com os camponeses pobres supostamente encontrando nas cidades os recursos proporcionados pelo desenvolvimento industrial. A fragilidade das políticas agrícolas favorece uma exploração inadequada das terras, sua erosão, e, depois, seu abandono. Os camponeses acabam por deixar seus vilarejos. Vimos, no entanto, que a cidade já não é mais o lugar da prosperidade prometida. Os passos dos camponeses famélicos os conduzem à miséria das favelas.

Mas não é apenas a ausência de políticas agrícolas que provoca essa situação. A concorrência, no mercado internacional, entre os agricultores do Norte – superequipados e em condições de produzir a baixo custo cerca de cem toneladas de cereais *per capita* ao ano – e agricultores desprovidos de meios suficientes, produzindo menos de uma tonelada, leva ao empobrecimento, à falência e ao êxodo destes últimos. Em resumo, como destaca o agrônomo Marc Dufumier, "o que alguns chamam de 'livre-troca' não passa de uma concorrência entre agricultores com condições de produtividade extremamente desiguais". Esse desequilíbrio é ainda mais absurdo se considerarmos que a alta produtividade dos agricultores do Norte é obtida à custa de estragos ambientais significativos – consumo excessivo de água, uso de pesticidas nocivos, adoção massiva de fertilizantes que provocam a eutrofização da água ou sua poluição pelos nitratos.

Em suma, pobreza e crise ecológica são inseparáveis. Assim como há uma sinergia entre as diferentes crises ecológicas, há sinergia entre a crise ecológica global e a crise social: elas são complementares, influenciam uma à outra, agravam-se reciprocamente.

Capítulo 3

OS PODEROSOS DESTE MUNDO

OLIGARQUIA, CONFORME nos ensina o dicionário, significa "regime político em que a autoridade se concentra nas mãos de algumas poucas famílias poderosas; o conjunto dessas famílias". O planeta é, hoje, governado por uma oligarquia que acumula renda, patrimônio e poder com uma avidez que não víamos igual desde os "barões voadores" norte-americanos de fins do século XIX.

Entre 2000 e 2004, os honorários dos donos das quarenta maiores empresas francesas cotadas na Bolsa de Valores de Paris – pelo índice de referência CAC 40 – duplicaram, atingindo uma média de 2,5 milhões de euros ao ano. Se forem incluídas no cálculo as *stock-options* de que eles se beneficiam (trata-se da propriedade de ações atribuídas a uma cotação vantajosa), a cifra supera 5,6 milhões de euros em 2004, segundo a empresa de consultoria em investimentos Proxinvest, ou seja, mais de 15 mil euros por dia. Os empresários franceses mais bem remunerados embolsaram, em 2005, o seguinte: 22,6 milhões de euros (Linsay Owen-Jones, da L'Oreal), 16,3 milhões (Bernard Arnaud, do grupo de empresas LVMH), 13,7 milhões (Jean-René Fourtou, da Vivendi) etc. Arnaud Lagardère (do conglomerado de empresas Lagardère) foi o mais bem remunerado, tirando-se as *stock-options*: 7 milhões. É preciso chegar ao 79º patrão da lista publicada pela *Capital* para encontrar remunerações inferiores a 1 milhão de euros por ano.

Não são apenas os dirigentes das empresas que usufruem esse verdadeiro maná. Segundo a Proxinvest, desde 1998 os honorários dos 435 integrantes das diretorias das empresas do CAC 40 aumentaram em 215%, quando, no mesmo período, o salário dos franceses subiu 25%.

Ao salário e às *stock-options* convêm, frequentemente, conceder aos nossos amigos patrões um presente de boas-vindas quando chegam à empresa – dois anos de salário –, um bônus na saída, uma aposentadoria farta garantindo 40% da renda – por exemplo, 1,2 milhão de euros por ano para Daniel Bernard, do Carrefour –, com todos os custos pagos – cartão de crédito empresarial, refeições, motorista, contador –, os jetons pela participação em conselhos de administração de outras empresas etc. Esses conselhos de administração constituem um hábito que permite à tribo dos dirigentes apertar seus laços; os jetons acrescentam um charme a mais à alegria do encontro agradável entre pessoas: eles atingiram em média, em 2004, 34.500 euros.

A França não é o único país a paparicar os seus patrões. Segundo um estudo da Standard & Poor de 2005, a remuneração média dos principais executivos (PDGs na França, CEOs dos Estados Unidos) das quinhentas maiores empresas norte-americanas chega a ser 430 vezes maior que o salário médio dos trabalhadores – dez vezes mais que em 1980. O dirigente da Sonoco, John Drosdick, recebe 23 milhões de dólares por ano; o da AT&T, Edward Whitacre, 17 milhões; o da US Steel, John Surma, 6,7 milhões, e o da Alcoa, Alain Belda, 7,5 milhões de dólares.

Deixar essas empresas é uma oportunidade de levar uma fortuna. Em dezembro de 2005, Lee Raymond, dirigente da Exxon, a grande companhia petrolífera norte-americana, pôde mitigar a tristeza de sua demissão com um pacote de 400 milhões de dólares. O chefe da Occidental Petroleum teve de se contentar com 135 milhões de dólares em três anos. Richard Fairbank, principal executivo da Capital One Financial, jogou melhor: 249 milhões de dólares ao realizar suas *stock-options* em 2004.

Na França, as premiações na saída são menos fartas, mas nada insignificantes. Daniel Bernard, o número um do Carrefour, deixou a empresa em abril de 2005 com 38 milhões de euros em verbas indenizatórias, às quais se soma 0,6% do capital sob a forma de *stock-options*, ou seja, algo em torno de 170 milhões de euros. Antoine Zacharias, o chefe da Vinci, deixou a empresa em janeiro de 2006 com um prêmio de 13 milhões de euros para ajudá-lo a esquecer o seu salário anual de 4,3 milhões de 2005, e que complementa um colchão de mais de 170 milhões em *stock-options*. Jean-Marc Espalioux, presidente do Accor, deixou o grupo em janeiro de 2006 com 12 milhões de euros. Igor Landau (Aventis), que perdeu a OPA (Oferta Pública de Aquisição de ações) que lhe foi lançada por Sanofi, embolsou igualmente 12 milhões. A Havas se separou de Alain de Pouzilhac com 7,8 milhões.

Em 1989, Jacques Calvet, executivo da Peugeot, provocou um escândalo por ter outorgado a si mesmo um aumento extra de 46% em dois anos – com 2,2 milhões de francos (330 mil euros), era trinta vezes o salário de um operário de sua própria empresa. Hoje, seus colegas do CAC 40 ganham mais de cem vezes o que recebe um trabalhador com salário mínimo. Em 2000, como registra o jornal *Le Monde*, o "guru da administração Peter Drucker" lançou um alerta: "Há trinta anos, o fator de multiplicação entre o salário médio de uma empresa e o seu salário mais alto era de 20. Agora, aproximamo-nos de 200. É algo extremamente nocivo. O banqueiro J. P. Morgan, de quem não se pode duvidar que gostasse muito de dinheiro, fixava como regra que o topo da administração não podia receber um salário mais que vinte vezes superior ao salário de um trabalhador médio. Era uma regra muito sábia. Dá-se hoje uma atenção desmesurada à renda e à riqueza. E isso destrói totalmente o espírito de equipe". Mesmo sendo o seu "guru", os dirigentes das empresas não deram ouvidos ao senhor Drucker.

O mais espantoso nesta "bacanal", para usar uma expressão da *Forbes*, é que não são os assalariados ou os partidos de esquerda que protestam mais fortemente contra esse verdadeiro assalto à mão armada, mas os acionistas e os investidores, que consideram que a partilha da mais-valia em favor desses dirigentes se realiza em seu detrimento...

A seita global dos grandes glutões

No entanto, os investidores e especuladores que vivem da Bolsa não têm se saído tão mal. Entre 1995 e 2005, a renda proveniente dos dividendos cresceu 52% na França, segundo um levantamento feito pelo semanário *Marianne*; ao mesmo tempo, o salário médio subiu 7,8%, ou seja, sete vezes menos. No início de 2006, a imprensa francesa registrou o avanço nos lucros distribuídos aos acionistas pelas empresas do CAC 40: + 33%. Alguns espíritos de porco compararam esse dado com o avanço médio do poder de compra dos salários: + 14%. Esse lucro não resulta de nenhum risco assumido, de nenhum comportamento empreendedor. Trata-se simplesmente de um enriquecimento de aplicador, realizado sem nenhum esforço", comentou Robert Rochefort no *La Croix*.

Os agentes financeiros também acumulam belíssimas porções: no fim de 2005, como relata o *Le Monde*, "3 mil banqueiros da City [londrina] terão um bônus de mais de 1 milhão de libras", ou seja, 1,45 milhão de euros. A consultoria financeira Goldman Sachs, que conseguiu realizar três das maiores fusões de empresas de 2005, distribuiu 10,5 bilhões de euros a seus 22.425 funcionários, ou seja, 450 mil euros, em média, para cada um. Greenwich, perto de Nova York, terra dos *hedge funds* (fundos especulativos, de alto risco), é um lugar onde uma renda de menos de 1 milhão de dólares faz de você "o plâncton da base da cadeia alimentar da economia", observa o *Financial Times*.

Outros indivíduos, jogando com a criação de empresas, a Bolsa, as fusões etc., tornam-se bilionários. "Em 1988, um homem era considerado rico quando atingia a casa dos 100 milhões de euros", diz Philip Beresford, que todos os anos produz uma lista das 5 mil maiores fortunas britânicas. "Hoje, esse patamar seria de 21 bilhões!" A multiplicação do número de bilionários no mundo todo é impressionante: em 1985, quando a revista *Forbes* começou a fazer o seu recenseamento, ele era de 140 pessoas; em 2002, elas já somavam 476; em 2005, 793 pessoas. Esses 793 indivíduos possuem, juntos, 2.600 bilhões de dólares. Uma quantia equivalente, segundo o CADTM (Comitê pela Anulação da Dívida do Terceiro Mundo), à "totalidade da dívida externa de todos os países em desenvolvimento". Outra maneira de abordar o tema é constatando, como faz o Programa das Nações Unidas para o Desenvolvimento, que a renda das quinhentas pessoas mais ricas do mundo é maior que a de 416 milhões de pobres do planeta. Poderíamos nos perder em meio a todas essas cifras, mas aí vai mais uma: um hiper-rico ganha mais que 1 milhão de seus irmãos humanos juntos...

E tem mais. A notícia não causou muito barulho, ficou apenas em uma pequena nota de pé de página no *Le Monde*: há quem ganhe mais de 1 bilhão de dólares por ano. Isso mesmo: não em forma de capital, mas em remuneração. Isso mesmo: 1 bilhão de dólares. Eu não conseguia acreditar no que tinha lido, no texto de minha colega

Cécile Prudhomme, que revelou essa informação extravagante. Ela me mostrou o documento, difícil de encontrar, que registra a *hit-parade* dos ganhadores dessa loteria inverossímil, os dirigentes dos "melhores" fundos de alto risco norte-americanos: James Simons, da Renaissance Technologies, e T. Boone Pickens, da BP Capital Management, ficaram mais ricos, em 2005, em 1,5 e 1,4 bilhão de dólares, respectivamente, enquanto George Soros teve de se contentar com 840 milhões. Na média, cada um dos 26 dirigentes mais bem pagos desses fundos ganhou, em 2005, 363 milhões de dólares, um aumento de 45% em relação a 2004.

A seita dos hiper-ricos não tem pátria. A *Forbes* registra 33 bilionários na Rússia, oito na China e dez na Índia. Quanto aos 8,7 milhões de milionários do planeta, segundo estudos da Merrill Lynch e da Capgemini, contam-se 2,4 milhões na Ásia, 300 mil na América Latina e 100 mil na África.

Nos países mais pobres, a casta se formou nas altas cúpulas do Estado, em ligação com a dos países ocidentais: as classes dirigentes locais negociaram a sua parte da depredação planetária conforme sua capacidade de tornar acessíveis os recursos naturais às empresas multinacionais ou de manter a ordem social. Nos países da ex-União Soviética, formou-se uma oligarquia financeira, ao lado de estruturas estatais, por meio da apropriação de despojos do Estado. Como observa um analista russo, "essa acumulação massiva da riqueza em poucas mãos não foi produzida por resultados concretos no domínio da produção, mas por uma constante redistribuição da riqueza coletiva de baixo para cima, por intermédio da redução de impostos para os ricos e da distribuição de novos privilégios para os setores ligados a negócios, destruindo, ao mesmo tempo, os instrumentos sociais criados depois da Segunda Guerra Mundial".

Na Ásia, a oligarquia também floresce em meio ao desenvolvimento das economias locais, ancorando-se, particularmente na China, no aprofundamento da exploração dos trabalhadores e na espoliação dos camponeses.

A oligarquia global gosta de proteger a sua fortuna nos paraísos fiscais, refúgios de paz onde a taxação de heranças, fortunas e outros patrimônios é simbólica. A evasão fiscal faz parte, aliás, dos princípios de uma boa gestão: "Lakshimi Mittal [dirigente do grupo siderúrgico de mesmo nome] mora em Londres, como relata a *Paris--Match*. Seu grupo está registrado nos Países Baixos, enquanto suas *holdings* familiares estão sediadas em Luxemburgo, nas Canárias, em Gibraltar e nas Ilhas Virgens. 'Não há nada de anormal nisso', retruca um porta-voz de Mittal. 'Essa estrutura atende a preocupações com a otimização fiscal. O grupo Ancelor também utiliza os paraísos fiscais. Tem até mesmo algumas filiais registradas nas Ilhas Cayman.'"

Os paraísos fiscais são um meio muito útil para pressionar os Estados a reduzirem as taxações fiscais sobre os ricos. Na Alemanha, os empresários obtiveram do primeiro-ministro Schröder a supressão da taxação de 52% da mais-valia obtida a partir da venda de participações. No Japão, a taxa máxima de imposto sobre a renda passou de 70% para 37% nos anos 1990; o primeiro-ministro Koizumi acrescentou a isso uma redução na taxação das sucessões. Na França, a reforma fiscal que entrou em vigor em 2007 impôs uma redução de 80 euros no imposto pago por um trabalhador de salário mínimo, mas, também, de 10 mil euros para quem recebe 20 mil euros por mês... Segundo o OFCE (Observatório Francês das Conjunturas Econômicas), cerca de 70% dos 3,5 bilhões referentes à redução prevista dos impostos irão para o bolso de apenas 20% dos contribuintes. Nos Estados Unidos, George Bush aplicou a "compaixão", que havia sido um de seus slogans de campanha em 2000: as reduções de impostos efetivadas a partir de 2001 representam 1.900 bilhões de dólares em dez anos; de acordo com um estudo do Urban Institute, uma organização de esquerda, a redução das taxas sobre os dividendos permitiu aos que ganham mais de 1 milhão de dólares por ano uma economia de 42 mil dólares no mesmo período – mas de apenas dois dólares no caso dos que ganham de 10 mil a 20 mil dólares por ano.

"Desterrada a justiça", escreveu Santo Agostinho, "que é todo reino senão pirataria?"

Trancar a porta do castelo

A classe que vive na opulência forma uma casta à parte da sociedade, que se reproduz de modo *sui generis* pela transmissão de patrimônio, privilégios e redes de poder. Assim, a França, por exemplo, reconstitui um capitalismo hereditário que traz de volta à tona a expressão "duzentas famílias", muito em voga entre as duas Grandes Guerras. No caso dos Lagardère, Juan-Luc transmite capital e poder a seu filho Arnaud. François Pinault transfere as rédeas a François--Henri. Com uma saudável obstinação, os clãs Michelin e Peugeot mantêm suas empresas no círculo familiar. Patrick Ricard dirige a empresa fundada por seu pai, como Martin Bouygues, filho de Francis, ou Vincent Bolloré, herdeiro de uma dinastia de produtores de papel fundada em 1861. Gilles Pélisson está à frente do Accor graças a seu tio Gérard. Vianney Mulliez, sobrinho de Gérard Mulliez, presidente de Auchan, assume o lugar deste último, que era filho do dono da Phildar. Antoine Arnault, aos 27 anos de idade, é nomeado administrador do grupo de empresas LVMH, cujo executivo maior é seu pai, Bernard, ele próprio filho do dono da Ferinel, uma empresa com mil funcionários; Antoine se reúne à sua irmã Delphine, que já havia se incorporado ao Conselho em 2004.

Nos Estados Unidos, onde *business* e política são quase a mesma coisa, "George Bush é filho de presidente, neto de senador e fruto da aristocracia econômica norte-americana", escreve *The Economist*. "John Kerry, graças a uma esposa riquíssima, é o homem mais rico de um Senado repleto de plutocratas [...]. Seu antecessor, Al Gore, era filho de senador. Estudou em uma escola particular de elite e depois em Harvard. E o desafiante de esquerda do senhor Kerry? Howard Brush Dean pertence ao mesmo mundinho pedante das escolas particulares – cresceu entre os Hamptons e na Park Avenue, em Nova York."

"Para onde quer que se olhe, na América moderna", continua o semanário inglês dos homens de negócios – das colinas de Hollywood aos cânions de Wall Street, dos estúdios de Nashville às cornijas de Cambridge –, "você verá as elites controlando a arte de perpetuar a si mesmas. Os Estados Unidos estão cada vez mais parecidos com o Império Britânico, com suas redes dinásticas em proliferação, os círculos fechados, o reforço de mecanismos de exclusão social e um fosso entre aqueles que tomam decisões e definem os rumos da cultura e a ampla maioria dos trabalhadores comuns."

Os hiper-ricos se veem como uma nova aristocracia. Algumas histórias concretas revelam, até mais que estudos eruditos, como é o inconsciente da casta: quando, por exemplo, o senhor Pinault convida seus conhecidos a conhecer sua coleção de objetos de arte, ele escolhe sentar-se à mesa entre "Sua Majestade, a ex-imperatriz do Irã Farah Diba, e Sua Graça, a duquesa de Malborough".

Uma das maneiras mais eficazes de trancar a porta do castelo é tornando muito caro o estudo superior, por meio do qual indivíduos brilhantes podem ascender aos postos de comando. Assim, as melhores universidades ou faculdades cobram para suas matrículas valores fora do alcance das classes pobres e cada vez menos acessíveis para as classes médias. Na Universidade Harvard, a renda média das famílias dos estudantes é de 150 mil dólares. No Japão, critica-se "a orientação agora elitista da educação". A riqueza decorre, hoje, de um status herdado, como acontecia no *Ancien Régime*, antes da Revolução Francesa.

Como loucos tristes

Uma pergunta simples, mas não desimportante (veremos o porquê no capítulo seguinte): como os plutocratas gastam o dinheiro que têm? O caso relatado pela *Forbes* nos fornece uma ideia: "O bilionário Leslie Wexner deu início à guerra dos iates em 1997 ao batizar o *Limitless*, que, com 96 metros, tinha 33 metros a mais que seu concorrente mais próximo. Desde então, uma competição se estabeleceu na água. Para participar dela, você tem de estar apto a gastar até 330 milhões de dólares e talvez comprar mais de um navio – o russo Roman Abramovich tem três. Dizem os rumores que Larry Ellison pediu que o design do seu *Rising Sun* seja adaptado de modo a superar em alguns metros o *Octopus* de Paul Allen". Esse *Octopus* – com 126 metros de comprimento – é equipado com uma quadra de basquete, um heliponto, uma sala de cinema e um submarino na parte inferior. Já os hiper-ricos franceses se satisfazem com pouco: 32 metros para o *Magic Carpet II,* de Lindsay Owen-Jones, e sessenta metros para o *Paloma*, de Vincent Bolloré.

Conheça, a seguir, alguns dos objetos listados pela *Forbes* para formar o seu índice do custo da vida "extremamente boa" (*Cost of living extremely well*): um mantô de peles russo no Bloomingdale's (160 mil dólares em 2005), doze camisas da Turnbull & Asser (3.480 dólares), uma caixa de champanhe Dom Pérignon na Sherry-Lehmann (1.559 dólares), um par de espingardas da James Purdey & Sons (167.500 dólares). Dentre outras formas destacadas pela imprensa para se gastar o dinheiro no dia a dia, está desembolsar 241 mil dólares em uma só noite em um cabaré de strip-tease, como fez Robert McCormick, principal executivo da Savvis, instalar ar--condicionado nos boxes dos cavalos de corrida, como fez o magnata do Brunei Haji Hassanal Bolkiah Mu'izzaddin Waddaulah, vestir-se sob medida – 5 mil euros por um terno –, comprar o carro mais caro do mundo, um Bentley 728, por 1,2 milhão de dólares, ou o mais veloz, 392 km/h, o Koenigsegg CCR, por 723 mil dólares, associar--se ao clube mais seleto – e, portanto, o mais caro – de seu país: na China, é o Chang An Club, em Pequim, com custo anual de 18 mil dólares. Ou, então, frequentar uma academia de ginástica séria – 50 mil dólares ao ano para entrar na Bosse Sports and Health Club de Sudbury, Massachusetts.

Logicamente, há de se adquirir também moradias espaçosas. Um rapaz afortunado, como Joseph Jacobs, gerente de um fundo de alto risco, quer construir em Greenwich, perto de Nova York, uma casa com 2,8 mil metros quadrados, com quatro cozinhas. Em Paris, Bernard Arnault comprou de Betty Lagardère um hotel particular de 2 mil metros quadrados por 45 milhões de euros. David de Rothschild mora em uma casa na rua du Bac, Jerome Seydoux ocupa um prédio inteiro na rua de Grenelle. Enfim, há várias casas, ou residências, nas grandes capitais, ou em lugares mais tranquilos, como a propriedade de Silvio Berlusconi na Sardenha – 2,5 mil metros quadrados, em um terreno de 510 hectares –, ou, ainda, a de Jean-Marie Fourtou no Marrocos – 13 hectares de terreno, nove suítes, doze empregados domésticos, uma piscina aquecida de duzentos metros quadrados.

A coleção de arte destaca o bom gosto – e permite dedução fiscal integral.

Em um caso mais prosaico, um banqueiro londrino explica a maneira como fará para gastar os 728 mil euros que recebeu de bônus no fim de 2005: "Nosso financista pretende comprar um terreno para ampliar a sua residência secundária em Bedfordshire, um novo Bentley, um colar de diamantes para a esposa e pagar os custos dos prestigiosos pensionatos particulares frequentados por seus filhos. Fanático por futebol, comprou também uma cadeira cativa com validade de dez anos no novo Estádio de Wembley, pela modesta quantia de 36.400 libras. A família fará uma doação de 10 mil libras a uma instituição de caridade de combate ao câncer de mama. Por fim, o funcionário da City recorreu aos seus melhores milésimos de libras para enriquecer a sua cave". Em Londres, "concessionárias de carros esportivos, donos de restaurantes de alto nível e as lojas de luxo esfregam as mãos. Com a mania que tomou conta dos 'gents' pelo Botox e pela lipoaspiração, as clínicas de cirurgia estética estão indo muito bem".

Assim como os pobres campônios, os ricos também saem de férias: em 2005, os destinos da moda pareciam ser Veneza, a ilha Moustique e a Patagônia. Uma figura eminente revela a ordem de grandeza do orçamento que deve ser previsto para ir aos bons endereços: Jacques Chirac no hotel Royal Palm, na ilha Maurício, 3.350 euros por dia, em 2000. Mais próximo do povo, Dominique Strauss--Kahn e sua esposa, Anne Sinclair: "Em julho de 1999, relatam seus biógrafos, eles declinaram do convite de James Wolfensohn, chefe do Banco Mundial, que os chamara para passar alguns dias em seu sítio nos Estados Unidos. Preferiram ir ao Egito com os filhos, antes de dar um pulinho na Ásia. Eles também costumam voar com frequência para passar o fim de semana no Marrocos, onde o clã do grupo de comunicação TF1 tem o hábito de estar, e onde Dominique gosta de reencontrar suas lembranças. No inverno, a família esquia em Méribel e, de uns anos para cá, nos Arcs".

Mas os verdadeiros hiper-ricos têm também os seus próprios aviões – ou de sua empresa. A um custo entre 1 milhão e 40 milhões de euros. Algo bastante útil para os momentos importantes, como no caso de Thierry Breton, então à cabeça da France Télécom, que fez uma ida e volta rápida dos Estados Unidos somente para assistir a um jogo de rúgbi. Faz-se questão de decorar o interior do aparelho com madeiras raras ou mármore. Um dirigente prudente consulta o catálogo de aviões de negócios como outras pessoas fazem para escolher uma bicicleta ou uma serra elétrica; nós lhe aconselharíamos um Falcon 900EX, que consome pouco – uma tonelada de combustível a menos em 1.600 quilômetros que seus concorrentes –, chamado pelo fabricante de "green machine". Ah, voando no próprio avião e se sentindo um autêntico ambientalista...

O avião começa a ficar, já, uma coisa meio fora de moda. Não seria mais chique gastar o seu dinheirinho no espaço? Passar uma semana na estação espacial internacional, como fizeram Dennis Tito, em maio de 2001, Mark Shuttleworth, em 2002, e Gregory Olsen, em 2005, custa 20 milhões de dólares. Mas logo será possível encontrar voos menos custosos, como, por exemplo, o voo suborbital por 100 mil dólares, organizado pela Space Adventures, ou, ainda, voos comerciais turísticos oferecidos em 2008 pela Virgin Galactic por 200 mil dólares. Para ser sincero, não sei bem por quê, mas esse negócio de voo espacial já está parecendo meio vulgar, tipo ver e ser visto demais. Eu lhes aconselharia, antes, um submarino para cruzeiros, como o *Phoenix*, oferecido pela US Subs por encomenda: mais de trinta metros de comprimento, cerca de quatrocentas toneladas, apartamentos, janelas enormes para apreciar o lado de fora, autonomia de quinze dias – o Capitão Nemo que se cuide. Bem, são 43 milhões de dólares. Mas você vale tudo isso, não vale?

Não se esconde mais o dinheiro. Ao contrário, é preciso exibi-lo. E, para isso, nada como uma bela festa. François Pinault convidou 920 "amigos" para a inauguração de seu museu particular em Veneza. Eles foram para lá em aviões particulares, é claro, deixando o Aeroporto Marco Polo saturado – vários dos 160 jatos tiveram de ser desviados para outros aeroportos, de onde os passageiros eram levados até a Cidade dos Doges em helicópteros. O senhor Pinault estava exultante: superou o seu colega Bernard Arnault, que só contara com 650 convidados no casamento de sua filha Delphine, "um grande casamento à francesa", em que se reuniram "príncipes, estrelas e barões das finanças".

E os filhos? Eles se divertem como loucos tristes: entre Neuilly e o 16º *arrondissement* [divisão distrital de Paris], relata *Paris-Match*, "as meninas se chamam Chloé ou Olympia e vestem Gucci. Os rapazes dirigem conversíveis enquanto aguardam a sua carta de motorista. Todos estudam nas mesmas escolas refinadas e muitos acabam em alguma fábrica de diplomas caríssima, frequentam as casas noturnas L'Étoile, Cab' ou Planches no caso dos mais novos, saem de férias do outro lado do mundo. [...] Logo de cara, fala-se em dinheiro, e ela, Daphné, conta o que pensa sobre isso; quanto aos pobres, ela não gosta muito [...] Quanto à carreira, tem de ser uma coisa fácil. Ou então o papai mesmo encontra um trabalho para ela. E, se não for o papai, será um dos amigos, como se gaba um grupo de garotos, sentados no restaurante Le Scossa: 'Sempre haverá emprego para nós, mesmo que você ache isso injusto'".

Veja o caso de Paris Hilton, herdeira da cadeia de hotéis homônima e bilionária, que, segundo os jornais, "tem apenas um trabalho na vida: fazer compras". "E não é qualquer coisa conseguir gastar vários milhares de dólares em menos de vinte segundos. Yves Saint Laurent e Calvin Klein são seus inspiradores." Suas aventuras são devidamente registradas pela Associated Press, de amante – Paris

Latsis, herdeiro grego – em amante – Stavros Niarchos, herdeiro grego –, até a troca seguinte.

Os oligarcas vivem separados da plebe. Eles não fazem ideia de como vivem os pobres e os assalariados. Não sabem e não querem saber.

Se os hiper-ricos vivem em um mundo à parte, as classes ricas, opulentas, que os invejam, procuram imitá-los nesse afastamento em relação ao espaço coletivo. Nos Estados Unidos, elas vivem, cada vez mais frequentemente, em cidades isoladas, constituídas inicialmente por agrupamentos de residências particulares que vão se fechando progressivamente. Mais de 10 milhões de pessoas vivem abrigadas nesses muros. O fenômeno tem levado à formação de verdadeiras cidades, como em Weston, Flórida, onde "o complexo de áreas residenciais fechadas constitui uma cidade particular com 50 mil habitantes". As casas, verdadeiros refúgios contra o mundo exterior, são cada vez mais espaçosas: segundo a NAHB (Associação Nacional de Construtores de Casas), a área média das casas construídas nos Estados Unidos aumentou em mais de 50% entre 1970 e 2004, ao mesmo tempo que diminuiu o tamanho médio das famílias.

"Essa América vive dentro de uma bolha", registra a jornalista Corine Lesnes. "Seus habitantes já não têm o que fazer nas cidades, e raramente vão até elas. Impassíveis, circulam em marcha lenta em rodovias congestionadas, sempre em sua busca unilateral da felicidade e da segurança."

O mesmo fenômeno se reproduz na América Latina, com os *condomínios fechados* brasileiros, os *country clubs* argentinos ou os *conjuntos cerrados* colombianos. Na África do Sul, os ricos vivem abrigados em casas cercadas por arame farpado, com câmeras supervisionando a entrada, vigias que circulam permanentemente pelas ruas reservadas. Na França, seja em Toulouse, em Lille ou na região metropolitana de Paris, multiplicam-se as "'résidences fermées', fortalezas conectadas por redes de segurança eletrônica ou vídeo, onde cada um, em sua própria televisão, dispõe de um canal para observação dos pátios de estacionamento, das salas, dos corredores e dos gramados". "Meu temor, hoje, é que as exigências de segurança se tornem absurdas demais, que acabemos construindo torres de vigilância", preocupa-se um corretor da Bouygues Immobilier, especializado nesse tipo de imóveis.

UMA OLIGARQUIA CEGA

A existência de uma casta de oligarcas, de uma camada social de hiper-ricos, não é, teoricamente, um problema. Pudemos observar, no passado, que a detenção do poder caminhava junto com a apropriação de grandes riquezas. A história é, em parte, o relato da ascensão e da queda inevitável desses grupos.

No entanto, não vivemos na teoria e na prática. E estamos em um momento muito específico da história, o século XXI, que coloca um desafio radicalmente novo para a espécie humana: pela primeira vez desde o início de sua expansão, há mais de 1 milhão de anos, ela se defronta com os limites biosféricos de seu prodigioso dinamismo. Viver este momento significa que devemos encontrar, coletivamente, os caminhos pelos quais guiar toda essa energia de forma diferente. Trata-se de um desafio magnífico, mas difícil.

Ora, essa classe dirigente predadora e ávida, desperdiçando suas sinecuras, fazendo mau uso do poder, ergue-se como um obstáculo nesses caminhos. Ela não traz consigo nenhum projeto, não é levada por nenhum ideal, não emite nenhum discurso. A aristocracia da Idade Média era uma casta exploradora, mas não apenas isso: ela sonhava em construir uma ordem transcendente, de que são testemunhas as esplendorosas catedrais góticas. A burguesia do século

XIX, que Marx qualificava de classe revolucionária, explorava o proletariado, mas tinha também o sentimento de estar difundindo o progresso e os ideais humanistas. As classes dirigentes da Guerra Fria eram levadas pela vontade de defender as liberdades democráticas diante de um contramodelo totalitarista.

Mas hoje, depois de triunfar sobre o comunismo soviético, a ideologia capitalista não sabe fazer outra coisa que não festejar a si mesma. Todos os círculos de poder e de formação de opinião estão engolidos pelo seu pseudorrealismo, que considera impossível haver alternativas e que a única meta a ser perseguida para interferir na fatalidade da injustiça é aumentar cada vez mais a riqueza.

Esse suposto realismo não é só sinistro, mas também cego. Cego diante do potencial explosivo da injustiça exposta. E cego diante do envenenamento da biosfera provocado pelo crescimento da riqueza material, envenenamento que significa a deterioração das condições da vida humana e a dilapidação das oportunidades que estarão à disposição das próximas gerações.

Capítulo 4

COMO A OLIGARQUIA INCREMENTA A CRISE AMBIENTAL

VOCÊ PROVAVELMENTE não sabe quem é Thorstein Veblen. Isso é normal. O que não é normal, porém, é que muitos economistas também não o conheçam.

Raymond Aron, que era um homem ponderado, comparava sua obra às de Tocqueville e de Clausewitz. Significa que a obra de Veblen constitui uma chave essencial para a compreensão da época em que vivemos. Esse pensador norte-americano, no entanto, continua sendo pouco estudado e, com frequência, ignorado nos currículos universitários de ciências econômicas.

Era filho de camponês. Seu pai viera da Noruega para se instalar nos Estados Unidos, no Wisconsin, dez anos antes do nascimento de Thorstein, em 1857. Em casa, falava-se o norueguês. Thorstein Veblen aprendeu inglês na adolescência e teve desempenho brilhante nos estudos, obtendo, em 1884, um doutorado em Yale, umas das maiores universidades da costa leste dos Estados Unidos. Sem inclinação para o jogo de cintura necessário para obter uma posição burguesa, ele retorna à fazenda paterna, onde permanece por seis anos, antes de retomar os estudos em Cornell, em 1891, e conseguir, na sequência, um emprego de professor na Universidade de Chicago. Levou então uma vida discreta, um tanto excêntrica, ocupada por um rico trabalho intelectual: seu primeiro livro, *A teoria da classe ociosa*, publicado em 1899, conheceu forte repercussão em seu lançamento. Provavelmente devido ao contexto da época: o início do século XX foi, nos Estados Unidos (como também na Europa, mas sob outra forma), um período de apogeu daquilo que os historiadores chamaram de "capitalismo selvagem".

Depois disso, Veblen foi esquecido. Os rendimentos se estreitaram bastante durante o século XX, o que retirou de sua análise o interesse mais imediato. Mas o retorno de uma grande desigualdade e a atual situação de um capitalismo exacerbado e embriagado com seus próprios triunfos devolvem ao economista de Chicago todo o seu contundente frescor.

Para Veblen, a economia é dominada por um princípio: "A tendência a rivalizar – a se comparar com o outro para rebaixá-lo – tem origem imemorial: é um dos traços mais indeléveis da natureza humana". "Se deixamos de lado o instinto de preservação", detalha ele, "é certamente na tendência à emulação que deve ser visto o mais poderoso, o mais continuamente ativo e o mais infatigável dos motores da vida econômica propriamente dita." Essa ideia fora antes sugerida pelo fundador da economia clássica, Adam Smith: em seu *Teoria dos sentimentos morais*, ele destaca que "o apego à distinção, tão natural no homem [...], suscita e embala o movimento perpétuo da atividade do gênero humano". Mas Smith não se aprofundou nesse princípio, que Veblen, ao contrário, sistematizou.

Para ele, as sociedades humanas passaram de um estado selvagem e agradável para um estado de rapacidade brutal, em que a luta está na base da existência. Surgiu, então, uma diferenciação entre uma classe ociosa e uma classe trabalhadora, que se manteve quando a sociedade evoluiu para fases menos violentas. Mas a posse da riqueza continuou sendo o meio de diferenciação, sendo que o seu objeto essencial não é o de atender a uma necessidade material, e sim estabelecer uma "distinção provocadora", ou, em outras palavras, exibir os sinais de um status superior.

Certamente uma parte da produção de bens atende a "finalidades úteis" e satisfaz necessidades concretas da existência. Mas o nível de produção necessário a essas finalidades úteis é atingido muito facilmente. A partir desse patamar, o excesso de produção é ensejado pelo desejo de exibir suas riquezas, a fim de se diferenciar do outro. Isso alimenta um consumo ostentatório e um desperdício generalizado.

Não é preciso aumentar a produção

A primeira originalidade de Veblen está em inverter o axioma original da economia clássica: esta última se baseia em um universo de constrangimentos, em que os homens dispõem de recursos escassos para atender a necessidades ilimitadas. A partir daí, o problema econômico seria como aumentar a produção para incrementar a oferta de bens e procurar satisfazer as necessidades. Veblen, ao contrário, observa que as necessidades não são infinitas. A partir de determinado nível, é o jogo social que as estimula. Da mesma forma, ele não considera que a produção seja escassa, e sim suficiente.

Essa abordagem constitui uma ruptura radical com o discurso econômico que compõe a ideologia dominante. Desse ponto de vista, capitalismo e marxismo são estritamente equivalentes: ambos defendem a ideia de que a produção é insuficiente. Veblen inverte a análise: a produção é suficiente, o que está em jogo, para a economia, diz respeito aos motivos e às regras de consumo.

Uma das fontes de informação de Veblen era a etnografia, ou seja, a observação dos costumes dos povos da América ou do Pacífico. No século XIX, ainda estavam vivas, em muitos casos, as suas culturas. Veblen conheceu, em Chicago, Franz Boas, um etnógrafo que estudou os índios Kwakiutl, um povo da costa noroeste dos Estados Unidos. Os Kwakiutl, que prosperavam com base na pesca e em pelos de animais, praticavam o "potlatch": nas grandes festas, eles promoviam uma espécie de competição de presentes, em que cada doação de um clã a outro chamava a um presente mais bonito, a partir do qual o primeiro ofereceria algo ainda mais vistoso, e assim por diante, criando um ciclo de munificência desenfreada. A observação de Boas não era isolada. Sob diferentes formas, o "potlatch" foi descrito em estudos de várias sociedades, a tal ponto que o sociólogo francês Marcel Mauss apresentou-o, em seu *Essai sur le don* [Ensaio sobre a doação], de 1923, como um "sistema geral de economia e de direito".

Guardemos com atenção a lição dessa tradição etnológica: o regime natural das sociedades não é o da carência; elas podem, também, conhecer uma abundância que possibilite o desperdício de uma sobra considerável. Veblen foi o primeiro a compreender a importância dessa observação, sobre a qual construiu a sua argumentação.

A CLASSE SUPERIOR DEFINE O MODO DE VIDA DE SUA ÉPOCA

Então, raciocina ele, o princípio do consumo ostentatório rege a sociedade. Esta se dividiu em várias camadas, todas elas se comportando conforme um mesmo princípio de distinção, ou seja, procurando imitar a camada superior. "Todas as classes são movidas pela inveja e rivalizam com a classe imediatamente superior na escala social, sem se comparar com as que lhe são inferiores ou com as que estão muito acima", escreve Veblen. "Em outras palavras, o critério daquilo que convém em matéria de consumo, e isso vale para qualquer espaço onde haja rivalidade, é sempre determinado por aqueles que gozam de um pouco mais de crédito que nós. Passamos então, sobretudo nas sociedades em que as diferenciações de classe são menos claras, a reproduzir, sem perceber, todos os padrões com base nos quais uma coisa é vista ou recebida, assim como as diversas normas de consumo, os hábitos de comportamento e de pensamento em vigor na classe situada no patamar superior, tanto pela condição social quanto pelo dinheiro – a classe que dispõe de ócio e riqueza. É a esta classe que cabe determinar, de modo geral, o modo de vida que a sociedade deve considerar admissível ou merecedor de consideração".

O linguajar de Veblen é um tanto tortuoso, porém límpido. Deixemos claro, apenas, que a comparação feita por Veblen é entre a sociedade capitalista tal como ele a conhece – "em que as diferenciações de classe são menos claras" – e as sociedades aristocráticas, como, por exemplo, as monarquias inglesa e francesa do século XVIII.

A imitação induz a uma corrente de desperdício cuja fonte se localiza no topo da montanha humana. "A classe ociosa", prossegue o economista, "se situa no topo da estrutura social; os valores se medem por ela, e seu estilo de vida estabelece as normas de honorabilidade para toda a sociedade. O respeito a esses valores, a observância dessas normas se impõem, para mais ou para menos, a todas as classes inferiores. Nas sociedades civilizadas de hoje em dia, as linhas de demarcação das classes sociais se tornaram imprecisas e movediças; nessas condições, a norma vinda de cima já não encontra obstáculos; ela expande a sua constrangedora influência de alto a baixo da estrutura social, atingindo os estratos mais humildes. Em consequência, os integrantes de todos os estratos recebem como sendo o ideal do bem viver o modo de vida adequado ao estrato imediatamente superior, e dirigem todas as suas energias na busca desse ideal."

A RIVALIDADE INSACIÁVEL

Façamos um resumo. O motor central da vida social, segundo Veblen, é a rivalidade ostentatória, em que a pessoa visa a exibir uma prosperidade superior à de seus pares. A divisão da sociedade em diversas camadas estimula a rivalidade geral.

A corrida pela distinção leva a uma produção bem maior que a que seria necessária para o atendimento às "finalidades úteis": "a produtividade aumenta na indústria, os meios de existência custam menos trabalho, e no entanto os membros ativos da sociedade, em vez de diminuir o seu ritmo e permitir um respiro a si mesmos, empregam mais esforço do que nunca para poder realizar gastos visíveis mais elevados. A tensão não diminui em nada, sendo que uma produtividade superior não teria nenhuma dificuldade para permitir alívio caso fosse isso que se procurasse; o crescimento da produção e a necessidade de consumir cada vez mais se alimentam um ao outro, e a elasticidade dessa necessidade não conhece limites". Na verdade, ela nunca deixa de se expandir: basta lembrar, mais uma vez, os nossos bilionários. O que comprar quando já se tem um avião decorado com madeira de lei e mármore? Uma coleção de objetos de arte. Um foguete. Um submarino. E depois? Férias na Lua. Sempre algo diferente, pois não existe saciedade nessa competição de luxo.

A classe ociosa, situada no topo, se descola da sociedade. "O que conta para o indivíduo criado na alta sociedade", explica Veblen, "é a estima superior de seus semelhantes, a única que lhe dá orgulho. Posto que a classe ociosa e rica cresceu, [...] posto que já existe um grupo humano amplo o suficiente para se obter a consideração dos outros, tende-se, doravante, a deixar do lado de fora do sistema os elementos inferiores da população; já não se necessita deles sequer como espectadores; já não se procura o seu aplauso, nem mesmo deixá-los lívidos de inveja".

A teoria de Veblen parece tão clara que nem seria preciso comentá-la. Basta observar as nossas oligarquias. Basta ver como os carros com tração nas quatro rodas, as viagens para Nova York ou para Praga, as televisões de plasma, as câmeras digitais, os telefones-televisão, as cafeteiras sofisticadas... – como o incomensurável amontoado de objetos que constitui o cenário das nossas sociedades de opulência se distribui em cascata, chegando aos setores mais humildes da sociedade, à medida que seu interesse enquanto novidade pelos hiper-ricos diminui em um ritmo cada vez mais frenético. Mas os filtros representados pelas possibilidades de cada um, à medida que se desce na escala de riqueza, vão reduzindo cruelmente a densidade desse suco que flui pelo funil da abundância. Eles mantêm insaciado o desejo inextinguível despertado pelo esbanjamento espalhafatoso das oligarquias.

AS BORDAS INVISÍVEIS DA NOVA *NOMENKLATURA*

Chegou o momento de descrever resumidamente as sociedades oligárquicas da humanidade globalizada do começo do século XXI.

No topo, uma casta de hiper-ricos. Algumas dezenas de milhares de pessoas ou famílias.

Elas se banham nas águas de um meio mais amplo, que poderíamos chamar de a *nomenklatura* capitalista: a classe superior, menos rica que os hiper-ricos, ainda que muito opulenta, que lhes obedece, ou, pelo menos, os respeita. Junto com eles, ela controla as alavancas do poder político e econômico da sociedade mundial.

Dois representantes do ramo francês da oligarquia descrevem essa classe. Para Alain Minc, trata-se do conjunto de "políticos ativos, quadros dirigentes de empresas, homens da cultura, professores de nível superior, pesquisadores da ciência, jornalistas da base, magistrados do interior, funcionários públicos de nível A e 'bacharéis + 5,7 ou 9', poucos dos quais conseguem entrar no 'sínodo' da superelite, mas que possuem, todos, em seus espíritos, a mesma mentalidade e o mesmo código intelectual". Para Jean Peyrelevade, o capitalismo moderno está organizado como uma gigantesca empresa de sociedade anônima. Em sua base, 300 milhões de acionistas (de um total de 6 bilhões de seres humanos, ou seja, 5% da população mundial) controlam a quase totalidade dos investimentos em Bolsa no mundo. "Cidadãos comuns dos países ricos, consolidados em sua legitimidade política e social", eles confiam metade de seus ativos a algumas dezenas de milhares de gestores cuja única meta é enriquecer seus clientes.

Minc e Peyrelevade forçam demais a fronteira para baixo – "bacharéis + 5, jornalistas de base, cidadãos comuns" –, a fim de ampliar um pouco a casta, o que a torna mais palatável, mas a definição da categoria, suas bordas invisíveis, porém bem fechadas, está feita.

A *nomenklatura* capitalista adota os parâmetros do consumo de luxo dos hiper-ricos e os difunde entre as classes médias, que os reproduzem dentro de suas possibilidades, e elas são imitadas, por sua vez, pelas classes populares e pobres.

Hiper-ricos e *nomenklatura* constituem a oligarquia. Os indivíduos, aí, travam uma competição interna pesada, uma corrida desgastante em busca do poder e da ostentação. Para permanecer na corrida, para não fracassar, para não cair, precisam ter sempre mais. Eles organizam a apropriação da riqueza coletiva. Controlando fortemente as alavancas do poder, fecham-se para a classe média, cujos filhos só conseguem integrar a casta com muita dificuldade.

Essa classe média, por sua vez, constitui um ventre cada vez mais frouxo da sociedade – ela mesma que, no passado, formava o centro de gravidade do capitalismo social, cuja era de ouro, breve, se situou nos anos 1960. Ainda atraída pelos faroletes da oligarquia a ponto de buscar satisfação, em seu nível, ou de se esgotar de cansaço na corrida pelo consumo ostentatório, ela começa a entender, porém, que seu sonho de ascensão social se esvaiu. Vê até mesmo se abrir, para baixo, a fronteira até então fechada do universo dos empregados mais simples ou dos operários.

Estes, de seu lado, perdem todas as esperanças de entrar para a classe média. Ao contrário, a precarização dos empregos, a fragilização planejada pela oligarquia dos modelos de solidariedade coletiva, o custo dos estudos, tudo isso os faz entrever uma queda em direção a um mundo do qual acreditavam estar afastados: a massa de pobres, que, nos países ricos, se debate no desconforto de um cotidiano feito de macarrão, conservas em lata baratas e contas não pagas. Sob essa mediocridade pungente reside a ameaça de escorregar para a decadência da rua, do alcoolismo e da morte como indigente em uma madrugada fria qualquer.

A oligarquia dos Estados Unidos no topo da competição de luxo

Neste ponto, duas observações se impõem.

Se Veblen é tão importante como eu afirmo que é, junto com Raymond Aron, por que já não se fala mais nele? Na verdade, ele começa a ser redescoberto, e vários economistas, mais do que simplesmente o relerem, aplicam sua teoria com os métodos modernos da econometria. Demonstrou-se recentemente, por exemplo, que o grau de satisfação do trabalhador inglês era tão mais elevado quanto menor fosse o salário de seus pares em relação ao dele. Ou que os domicílios com renda inferior à de seu grupo de referência poupam menos que aqueles cuja renda é superior, de modo a poder consumir mais e se manter no nível destes últimos.

Em novembro de 2005, a Royal Economic Society inglesa publicou outro interessante estudo. Utilizando-se de instrumentos veblenianos, Samuel Bowles e Yongjin Park demonstram, ali, que o tempo de trabalho aumenta na proporção da desigualdade social. Em uma determinada sociedade, com efeito, os indivíduos adaptam coletivamente o seu tempo de trabalho à renda almejada. Ora, constatam os pesquisadores, esta última é função da distância que separa os indivíduos de um grupo da renda do grupo de referência superior. Quanto maior essa distância, ou seja, a desigualdade, mais os agentes procuram trabalhar para incrementar a sua renda. E, de fato, há um decréscimo da duração do tempo de trabalho anual quando se comparam os países mais desiguais (Estados Unidos) com os menos desiguais (países escandinavos).

Bowles e Park tiram de sua demonstração uma conclusão lógica. Uma política que taxasse mais os grupos que servem como referência de consumo "seria duplamente atraente: ela aumentaria o bem-estar dos menos aquinhoados ao limitar o efeito de imitação em cascata de Veblen e transferiria fundos para projetos sociais úteis".

Uma segunda observação é que se pode "atualizar" Veblen para as condições da nossa época, estendendo seu raciocínio para todo o planeta, dada a globalização dos modelos culturais. Em cada país, os grupos sociais procuram copiar o estilo de vida da oligarquia local, mas esta adota como modelo a oligarquia dos países mais abastados, particularmente a do mais ricos deles, os Estados Unidos. Por outro lado, os próprios países, como tais, encontram-se sujeitos ao fenômeno vebleniano da imitação. As sociedades ocidentais, apesar da desigualdade que cada vez mais as caracteriza, não deixam de ser muito mais ricas, coletivamente, do que as dos países do Sul. Estes se veem, assim, envolvidos em uma corrida pela recuperação coletiva, corrida tão mais frenética quanto maior é a defasagem.

CRESCIMENTO NÃO É A SOLUÇÃO

Retomemos, agora, a discussão. O consumo desenfreado estimulado pela oligarquia fere a justiça por causa de sua distribuição desigual.

Certo. Mas e daí?

Aprendemos com Veblen que a ostentação e a imitação determinam o jogo econômico. No primeiro capítulo, tínhamos constatado que o nível de consumo material de nossa civilização é enorme e que exerce uma pressão excessiva sobre a biosfera.

Por que, então, as características atuais da classe dirigente mundial constituem o fator essencial da crise ecológica?

Porque ela se opõe às mudanças radicais que seriam necessárias para impedir o agravamento da situação.

Como?

- indiretamente, pelo seu patamar de consumo: seu modelo puxa para cima o consumo geral, levando os outros a imitá-la.
- diretamente, por meio do controle do poder econômico e político, que lhe permite manter essa desigualdade.

Para não ser colocada, ela própria, em questão, a oligarquia repisa a ideologia dominante segundo a qual a solução para a crise social repousa no crescimento da produção. Esta seria o único meio de combater a pobreza e o desemprego. O crescimento possibilitaria uma elevação do nível geral de riqueza e, portanto, uma melhora na vida dos pobres, sem que seja necessário – embora isso nunca seja dito com clareza – alterar a distribuição da riqueza.

Esse mecanismo está travado. Segundo o economista Thomas Piketty, "a constatação, nos anos 1980, de que a partir dos anos 1970 a desigualdade nos países ocidentais tinha voltado a crescer aplicou um golpe fatal à ideia de uma curva que atrelasse inexoravelmente desenvolvimento e igualdade". O crescimento, aliás, não cria empregos o bastante, nem mesmo na China, onde, apesar de uma expansão extraordinária do PIB, somente 10 milhões de novos empregos são criados por ano, ante 20 milhões de pessoas que começam a se apresentar no mercado de trabalho. Como nos explica Juan Somavia, diretor-geral do BIT (Bureau Internacional do Trabalho), "A teoria dos mercados estabelece que o crescimento gera riqueza, a qual é redistribuída pela criação de empregos, que alimentam o consumo, o que gera novos investimentos e, assim, o ciclo de produção. Mas a partir do momento em que o elo entre crescimento e emprego é rompido, esse círculo virtuoso não funciona mais como deveria".

Além disso, e esse ponto essencial é sempre esquecido pelos arautos do crescimento, este tem um efeito ao mesmo tempo enorme e nefasto sobre o meio ambiente, cuja extrema fragilidade conhecemos muito bem na atualidade. Cabe insistir nesse ponto. A afirmação de que o crescimento degrada o meio ambiente é algo já realmente demonstrado? Não há uma "desvinculação" entre crescimento e deterioração ecológica? O termo "desvinculação" designa uma situação na qual a economia cresce sem que aumente a pressão sobre o meio ambiente.

A resposta é dada por economistas da OCDE (Organização para a Cooperação e o Desenvolvimento Econômico), organismo que reúne os Estados ocidentais, o Japão e a Coreia. Em suas *Perspectivas para o meio ambiente*, apresentadas em maio de 2001, a OCDE constatava que o crescimento econômico, nos países desenvolvidos, não traz melhoras para a situação da ecologia. "A deterioração do meio ambiente de modo geral avançou em um ritmo ligeiramente inferior ao do crescimento econômico", resumiam os especialistas; "as pressões exercidas pelo consumo sobre o meio ambiente se intensificaram ao longo da segunda metade do século XX e, durante os próximos vinte anos, devem continuar se acentuando".

O meio ambiente dos países da OCDE melhorou apenas em alguns pontos: as emissões atmosféricas de chumbo, de clorofluorcarbono (CFC) (duas substâncias que destroem a camada de ozônio) e de combustíveis atmosféricos, como os óxidos de nitrogênio e o monóxido de carbono, foram fortemente diminuídas. O consumo de água se estabilizou. A superfície florestal cresceu ligeiramente – embora a sua biodiversidade tenha se reduzido, em decorrência da fragmentação dos maciços pelas estradas. Quanto ao restante, a situação piorou: excesso de pesca, poluição das águas subterrâneas, emissões de gases do efeito estufa, produção de detritos residenciais, difusão de produtos químicos, poluição atmosférica derivada de partículas finas, erosão de terras, produção de lixo radioativo – todos esses itens só aumentaram a partir de 1980.

Como isso foi possível? Porque "os efeitos, em volume, do aumento total da produção e do consumo mais do que compensaram os ganhos de eficiência obtidos por unidade produzida". Se, por exemplo, o avanço tecnológico reduz a poluição produzida a partir de cada automóvel isoladamente, essa queda é insuficiente para compensar o aumento global do número de automóveis. Mesmo que, nos últimos vinte anos, os países desenvolvidos tenham melhorado, mais ou menos, a sua intensidade energética (consumo de energia por unidade do PIB) ou sua intensidade material (consumo de materiais por unidade do PIB), esse avanço é contrabalanceado pelo aumento global do PIB. Assim, "o consumo global de recursos naturais na região da OCDE conheceu um aumento contínuo". Em vários aspectos do meio ambiente, ademais, não houve nem mesmo um avanço relativo, pois a riqueza levou a um crescimento do consumo líquido: as rodovias se multiplicam, a climatização se expande, os equipamentos elétricos se diversificam, as viagens se tornam mais fáceis etc.

A URGÊNCIA: DIMINUIR O CONSUMO DOS RICOS

E então? O crescimento reduz a desigualdade? Não, como constatam os economistas em relação à década passada.

Reduz a pobreza? Na estrutura social atual, somente quando ela atinge níveis insuportáveis por muito tempo, como na China, onde até mesmo esse avanço conhece seus limites.

Melhora a situação do meio ambiente? Não. Ele só faz piorá-la.

Qualquer pessoa sensata deveria ou demonstrar que essas três conclusões são falsas ou questionar o crescimento. Não se veem contestações sérias a essas três conclusões, com as quais concordam *mezzo voce* vários organismos internacionais e observadores. No entanto, ninguém entre os economistas prestigiados, os dirigentes políticos e os meios de comunicação dominantes critica o crescimento, que se tornou o grande tabu, o ângulo morto do pensamento contemporâneo.

Por quê? Porque a permanência do crescimento material é, para a oligarquia, o único meio de fazer com que desigualdades extremas sejam aceitas pelas sociedades, sem serem postas em causa. O crescimento, com efeito, gera um adicional de riquezas aparentes que permite a lubrificação do sistema sem que se altere a sua estrutura.

Qual poderia ser a solução para escapar da armadilha mortal em que nos prende a "classe ociosa", para retomar a expressão usada por

Veblen? Estancando o crescimento material. Destaco a expressão: crescimento material entendido como o aumento contínuo dos bens produzidos com base na exploração e na deterioração dos recursos biosféricos.

Diferentemente dos que idolatram o crescimento e que, em vez de fazer a discussão, chamam-no de obscurantista quando você questiona os seus dogmas, eu não tenho uma posição de princípio com relação ao crescimento. Se o crescimento, tal como o conhecemos hoje, não deteriorasse mais a biosfera, ele seria admissível. Ele não é condenável em si mesmo, se o considerarmos como a concretização da atividade e da inventividade de uma humanidade cada vez mais numerosa. O perigo provém de que, nas condições atuais, esse crescimento se traduz em um aumento da produção material que agride o meio ambiente. Se o crescimento fosse imaterial, ou seja, se aumentasse a riqueza monetária sem consumir mais recursos naturais, o problema seria totalmente diferente. A questão, portanto, não é de se chegar a um "crescimento zero", mas sim de avançar na direção de um "decrescimento material". Se quiser levar a sério a ecologia do planeta, a humanidade terá de estabelecer um teto para o seu próprio consumo material global, e, se possível, diminuí-lo.

Como fazer isso? Não se pode pensar em diminuir o consumo material dos mais pobres, ou seja, da maioria dos habitantes dos países do Sul e parte dos habitantes dos países ricos. Ao contrário, ele deve ser aumentado, por uma questão de justiça.

Bem. Quem consome, atualmente, mais produtos materiais? Os hiper-ricos? Não só. Individualmente, eles causam desperdícios, é verdade, de forma ultrajante, mas, coletivamente, não pesam tanto assim. A oligarquia? Sim, essa começa a ficar bem numerosa. Mas isso ainda não basta. Juntos, América do Norte, Europa e Japão somam 1 bilhão de habitantes, ou seja, menos de 20% da população mundial. E consomem cerca de 80% da riqueza mundial. É preciso, assim, que esse 1 bilhão de pessoas reduza o seu consumo material. Dentro de 1 bilhão, não os pobres, mas também não só os vilões da camada social superior. Digamos, 500 milhões de pessoas, e chamemo-las de a classe média mundial. Há uma grande possibilidade de que você faça parte – assim como eu – desse grupo de pessoas que reduziria utilmente o seu consumo material, seus gastos de energia, seus deslocamentos em automóveis e aviões.

Mas nós limitaríamos o nosso desperdício, procuraríamos modificar o nosso estilo de vida, enquanto os grandalhões, lá em cima, continuariam refestelados em seus carros com tração nas quatro rodas com ar-condicionado e seus sítios com piscina? Não. A única maneira de você e eu aceitarmos consumir menos em matéria de energia seria que o consumo material – portanto, a renda – da oligarquia fosse severamente diminuído. Em si mesma, por uma questão de equidade, e, mais do que isso, seguindo a lição desse velhaco excêntrico chamado Veblen, para que se modifiquem os padrões culturais do consumo ostentatório. E, como a classe ociosa define o modelo de consumo da sociedade, se o seu nível se rebaixa, também diminuirá o nível geral de consumo. Consumiremos menos, o planeta ficará melhor e nos sentiremos menos frustrados por aquilo que não temos.

O caminho está traçado. Mas os hiper-ricos e a *nomenklatura* permitirão que seja feita a travessia?

Capítulo 5

A DEMOCRACIA EM PERIGO

EIS UM pequeno caso que se ajusta perfeitamente àquela expressão "não acredito no que os meus olhos estão vendo".

Em 2001, na esteira dos atentados do 11 de setembro em Nova York e Washington, que provocaram enorme agitação jornalística, deparei com uma informação tão surpreendente que me pareceu necessário checá-la com absoluta atenção e cuidado. Depois de uma investigação minuciosa, confirmou-se que o governo dos Estados Unidos pensava seriamente em utilizar pequenas bombas nucleares em conflitos futuros, rompendo, assim, com a doutrina estabelecida a partir de 1978, segundo a qual não se deveriam usar armas nucleares contra inimigos que não dispusessem delas. A investigação revelou que uma dessas bombas, a B 61-11, já havia sido produzida.

Era de imaginar que, em uma questão como essa, eu tivesse checado todas as informações disponíveis no mínimo duas vezes. O interessante é que a reportagem, depois de pronta, levou várias semanas para ser publicada. Meus colegas da editoria de Internacional se negaram a fazê-lo, pois não conseguiam admitir que a informação fosse verdadeira, apesar de todas as provas acumuladas. Para que o texto fosse publicado, tive de batalhar e apelar para o redator chefe na época – a reportagem teve, aliás, um efeito útil, mas isso é outra história.

Com mais frequência do que imaginamos, ocorre, assim, que coisas verdadeiras não chegam à consciência coletiva, ou, se chegam, isso se dá com muita dificuldade. Hoje em dia, em que seria difícil, para nós, acreditar? No seguinte: a oligarquia mundial quer se livrar da democracia e das liberdades públicas que constituem a sua essência.

Trata-se de uma afirmação forte. Formulemos de outra maneira: diante das turbulências geradas pela crise ecológica e pela crise social, ambas internacionais, e a fim de preservar seus privilégios, a oligarquia opta por enfraquecer o espírito e as instituições democráticas, vale dizer, a livre discussão das escolhas coletivas, o respeito à lei e a seus representantes, a garantia das liberdades individuais perante os ataques do Estado ou de outros grupos estabelecidos.

Quando pensamos em ditadura nos países ocidentais, o que nos vem à mente são nomes como Mussolini, Hitler e Stalin. Mas a comparação é falaciosa. O que ocorre hoje, diante dos nossos olhos, não pode ser comparado a esses três regimes; pois os tempos mudaram, assim como as estruturas da vida política e as técnicas de controle social. A ditaduras violentas como aquelas, a classe dirigente prefere o aviltamento progressivo da democracia.

Houve quem o resumisse muito bem, há mais de um século: "O tipo de opressão que ameaça os povos democráticos não se assemelha a nada do que o precedeu [...]. Imagino com quais novas características se produzirá o despotismo no mundo: antevejo uma multidão incontável de homens semelhantes ou iguais que giram sem parar em torno de si mesmos para proporcionar pequenos e vulgares prazeres com que preencher suas almas. Cada um deles, visto isoladamente, é como que um estranho em relação ao destino dos demais: seus filhos e amigos mais próximos constituem, para ele, toda a espécie humana; quanto ao que se passa com seus concidadãos, está ao lado deles mas nem sequer os enxerga; ele os toca mas não os sente; ele só existe em si e para si e, se tem, ainda, uma família, pode-se dizer, pelo menos, que já não tem pátria. Acima dessas pessoas eleva-se um poder imenso e tutelar, que se encarrega, sozinho, de garantir as suas alegrias e de zelar pelo seu destino. Ele é absoluto, minucioso, regular, previdente e doce. Lembraria o poder paterno se, como neste caso, tivesse como objetivo preparar os homens para a idade madura; mas o que ele busca, ao contrário, é apenas mantê-los irrevogavelmente na infância; ele gosta que seus cidadãos se divirtam, desde que só pensem mesmo em se divertir".

Esse autor, dono de um belo estilo, é um homem do mesmo naipe de um Veblen, se pensarmos como Raymond Aron. Trata-se de Alexis de Tocqueville.

O ÁLIBI DO TERRORISMO

A tendência antidemocrática começou a se formar nos anos 1990, com o triunfo de um capitalismo que se libertou de seu inimigo, o comunismo soviético: a disfunção da máquina eleitoral norte-americana, em 2000, que levou ao poder o candidato com menor votação que o seu adversário, representou a sua emergência visível, isso para quem não se sentira ainda alertado pela implantação, em 1996, do sistema Échelon de escuta telefônica de seus aliados pelos Estados Unidos. Mas a ofensiva contra as liberdades ganhou um impulso extraordinário com os atentados de 11 de setembro em Nova York e Washington. Estes últimos fizeram com que a equipe reunida por George Bush – todos eles, aliás, homens ou mulheres envolvidos, como dirigentes ou membros de conselhos de administração, com várias empresas de porte, frequentemente do setor militar – se sentisse mais desinibida, como se isso ainda fosse preciso.

O primeiro episódio foi a discussão, em regime de urgência, em nome da luta contra o terrorismo, menos de quinze dias após os atentados, de um projeto de lei com quinhentas páginas chamado de *Patriot Act*. O texto estendia a todos os cidadãos norte-americanos os procedimentos reservados até então apenas a espiões estrangeiros: gravação de conversas telefônicas, monitoramento do correio eletrônico, possibilidade de buscas sem mandado, consulta a dossiês elaborados por médicos, bibliotecários, bancos, agências de viagem etc. A lei previa, também, uma diminuição do controle dessas investigações por parte do Judiciário ou do Parlamento. O texto teve sua validade prorrogada, quase sem nenhuma alteração, em março de 2006.

Foram necessários cinco anos para que a imprensa descobrisse que as conversas telefônicas dos cidadãos nos Estados Unidos e para o exterior estavam sendo controladas pela NSA (Agência de Segurança Nacional), sem a autorização do tribunal especial criado para isso. Da mesma forma, ficou-se sabendo que a NSA monitorava também o correio eletrônico gerenciado pelas três maiores empresas de comunicação, AT&T, Verizon e BellSouth – somente a Qwest se recusou a colaborar com isso. A NSA, que é vinculada ao Ministério da Defesa, tem um orçamento talvez dez vezes maior que o da CIA (Central de Inteligência) e concentra em Fort Meade, Maryland, a maior potência mundial em matéria de informática.

A curiosidade da administração norte-americana se volta também para as transações bancárias, por intermédio de um programa clandestino de monitoramento chamado *Terrorist Finance Tracking Program* (Programa de Cerco ao Financiamento do Terrorismo). Previsto inicialmente para ser temporário, ele se tornou permanente. O governo dos Estados Unidos se interessa, também, pelo transporte aéreo: uma legislação adotada em 2001 determina que as companhias que realizam voos com destino, partida ou através do território dos Estados Unidos devem fornecer às autoridades alfandegárias o acesso aos dados de seus sistemas de reservas, contendo cerca de cinquenta informações sobre identidade, itinerário, domicílio, saúde, preferências alimentares etc. dos passageiros. No que tange à União Europeia, a Comissão e o Conselho de Ministros cederam à exigência norte-americana e se dobraram a essas regras, procurando circunscrever a oposição a elas ao Parlamento Europeu. De uma forma ou de outra, esse dispositivo permite às autoridades norte-americanas proibir várias dezenas de milhares de pessoas integrantes das listas de indivíduos considerados perigosos de entrar em um avião. Terroristas declarados, como o senador Ted Kennedy, como o autor de um livro sobre o senhor Bush, James Moore, ou como um candidato democrata que faz oposição à guerra no Iraque, Robert Johnson, já foram, por essa via, impedidos de embarcar em um avião.

CELEBREMOS O "TRABALHADOR DOS ÓRGÃOS DE SEGURANÇA"

Os Estados Unidos instalaram campos de internamento no exterior, driblando assim a Convenção de Genebra sobre tratamento de prisioneiros de guerra. Um em Guantánamo, Cuba, outro em Bagram, perto de Cabul, no Afeganistão. Nesses locais encontram-se, sem nenhuma proteção judicial, homens presos no Afeganistão por ocasião da invasão norte-americana de 2001-2002. Alguns prisioneiros chegaram a cometer suicídio: o comandante da base de Guantánamo, Harry Harris, considerou, na oportunidade, que os suicídios não constituíam "um gesto de desespero, mas uma ação de guerra desproporcional contra os Estados Unidos".

Aos olhos do senso comum, os Estados Unidos continuam sendo a maior democracia do mundo. Essa "democracia", porém, restabeleceu o uso da tortura. Em 2002, o presidente Bush assinou um decreto secreto autorizando a CIA a instalar locais de detenção secretos fora dos Estados Unidos e a interrogar prisioneiros, com firmeza, nesses locais – tendo seu conselheiro Alberto Gonzáles lhe assegurado que a Convenção de Genebra "não se aplicava ao conflito com a Al Qaeda". Desde então, e tudo isso está bem documentado, a primeira potência mundial tem feito "prisioneiros desaparecerem dentro de uma rede de prisões secretas sequestrando e mandando pessoas para interrogatório em países onde se pratica a tortura, como Egito, Síria ou Marrocos", resume Larry Cox, diretor da Anistia Internacional para os Estados Unidos.

A expressão usada para designar a tortura, nesse novo mundo, é "técnica reforçada de interrogatório". Abstenho-me de apresentar ao leitor os exemplos dessas "técnicas reforçadas". Basta saber que eles não deixam nada a desejar diante das práticas dos "técnicos" da Gestapo.

As sevícias infligidas aos detentos da prisão de Abou Graib, em Bagdá, reveladas em 2004, são apenas a ponta do iceberg da "guerra contra o terror". Em 2006, cerca de 14.500 "suspeitos" foram mantidos presos nesses esconderijos localizados fora dos Estados Unidos. Vários países europeus colaboraram com o transporte de prisioneiros organizado pela CIA para os centros de tortura instalados em vários pontos do planeta, autorizando os aviões da agência norte-americana a pousar em seus aeroportos, fechando os olhos para os sequestros, em seus próprios países, de "suspeitos", quando não – fato não confirmado definitivamente no caso da Polônia e da Romênia – abrigando essas prisões.

A secretária de Estado Condoleezza Rice declarou que "é nosso dever advertir os países que não cumprem com seus compromissos em relação aos direitos humanos". E vários Estados aplicaram as lições desse mentor tão exemplar. Em fevereiro de 2006, a Rússia adotou uma lei de luta contra o terrorismo que autoriza as forças de segurança a "entrar livremente" na casa de pessoas, praticar escutas telefônicas, interceptar o correio postal e eletrônico, a limitar, se for preciso, a liberdade de movimento dos indivíduos, além de estabelecer limites para o direito de manifestação e para a liberdade dos jornalistas. Comissões antiterroristas pilotadas pelo FSB – Serviço Federal de Segurança da Federação Russa (novo nome da KGB – Comitê de Segurança do Estado) – foram instaladas paralelamente às estruturas governamentais já existentes. A população foi convidada a celebrar, todos os anos, em 20 de dezembro, o "dia do trabalhador dos órgãos de segurança".

Na Alemanha, os *Lander* (Estados regionais) formaram arquivos com dados sobre milhões de pessoas, contendo, por exemplo, sua origem étnica e sua religião.

Na Grã-Bretanha, no começo de 2006, a Anistia Internacional considerou "chocante" o balanço do governo em matéria de direitos humanos: estrangeiros presos por vários anos sem julgamento, suspeitos sob regime de residência monitorada sem possibilidade de recurso aos tribunais, deportação de suspeitos para diversos países onde se recorre à tortura – eis alguns comportamentos deplorados pela organização. Pouco antes, o primeiro-ministro Blair queria ampliar o prazo de prisão preventiva de catorze para... noventa dias, o que foi refutado no Parlamento. A Bélgica introduziu em uma lei antiterrorista o conceito de "métodos específicos de busca" para a polícia. A União Europeia adotou uma orientação que reforça a legislação em matéria de guarda de dados telefônicos e eletrônicos.

Na França, o Parlamento adotou, em dezembro de 2005, a sua... oitava lei antiterrorista. Como as anteriores, ela veio reforçar os poderes da polícia. O texto amplia a prisão preventiva para seis dias, suspende as obrigatoriedades administrativas e judiciais de certos procedimentos de controle e vigilância, amplia a possibilidade da videovigilância por operadores privados, facilita os controles de identidade, obriga os transportadores a fornecer os dados relativos aos passageiros, torna possível a realização sistemática de imagens fotográficas dos ocupantes de veículos nas principais rodovias, autoriza os departamentos de polícia a consultar, sem controle da Justiça, os arquivos dos operadores de telecomunicações e de acesso à internet, e assim por diante. "Todas as medidas propostas, sem exceção, constituem novos atentados ou restrições às liberdades fundamentais", avalia o Sindicato da Magistratura.

O que interessa é que os ocidentais tenham medo – quanto aos outros, como se sabe, já quase não usufruem o privilégio de saborear a democracia. A administração Bush repetiu à saciedade que é preciso empreender a "guerra ao terror". "Somos uma nação em guerra", define o documento *National Security Strategy*, publicado pela Casa Branca em 2006. É que a guerra tem uma qualidade: ela justifica os distanciamentos adotados em relação aos direitos humanos. Cinco anos de verborragia parecem ter sido eficazes junto à opinião pública norte-americana. Basta, por exemplo, digitar na busca do Google a palavra "terrorism": o número de ocorrências em um dia de 2006 era de 337 milhões. A palavra "democracy" registra menos ocorrências: 289 milhões. O terrorismo supera a democracia na preocupação dos internautas.

Como escreve o intelectual Medhi Belhaj Kacem: "Essa democracia tão perfeita fabrica o seu próprio e inconcebível inimigo, o terrorismo; longe de ameaçá-la, ele é a última garantia de sua perpetuação; pois ela não terá de ser julgada por seus resultados, mas pelos inimigos que tem". Chamemos a tortura de "técnica avançada de interrogatório" e o regime imposto pelo senhor Bush e seus amigos europeus de "democracia", e está tudo certo; a liberdade prospera.

Uma política para os pobres: a prisão

Ao lado do espectro do terrorismo, é útil fazer barulho também em torno de outro espectro assustador: o da delinquência e da segurança.

Na ausência de ações políticas e de uma consciência coletiva, a desigualdade social provoca o crescimento da frustração e da necessidade desesperada de se virar de alguma forma. Daí a pressão da "delinquência" nos países ricos e a da migração do Sul para o Norte. Para conter os efeitos de causas que elas não percebem muito bem quais são, as classes médias e populares pedem mais "segurança" e admitem, para isso, uma redução, inicialmente imperceptível, do nível de liberdade pública.

No arsenal dessa guerra contra os pobres, a primeira arma é a prisão. Nos Estados Unidos, o número de presos chegava a 2,2 milhões em 2005 – ante 500 mil em 1980. É a cifra mais alta do mundo. Para encontrar uma cifra semelhante, teríamos de buscar nos *gulags* da Rússia de Stalin ou nos cárceres da China de Mao Tsé-tung. Essa quantidade representa 738 presos a cada 100 mil habitantes, sete vezes mais, proporcionalmente, do que na França, que, no entanto, costuma prender pessoas com bastante entusiasmo.

Um fato simboliza a miséria e o sofrimento que essa situação acarreta: em 2005, o Congresso norte-americano teve de instituir uma comissão para a eliminação do estupro nas prisões.

Por outro lado, a qualidade dos "cuidados médicos e psiquiátricos nas prisões vai de medíocre a terrível", afirma a organização Human

Rights Watch em seu relatório anual sobre os direitos humanos.

A prisão não atinge todos de modo igualitário: segundo estatísticas do Departamento de Justiça norte-americano, 11,9% dos negros entre 25 e 29 anos de idade estavam presos, ante 3,9% dos hispânicos, e 1,7% dos brancos da mesma idade. A situação norte-americana pesa, cabe observar, sobre outras estatísticas: quando os especialistas aplaudem a supostamente reduzida taxa de desemprego nos Estados Unidos, omitem a observação de que essa taxa subiria em pelo menos 1% se se registrasse o fato de que muitas das pessoas que estão presas, se estivessem livres, estariam desempregadas.

Na França, a taxa de encarceramento tem aumentado incessantemente nos últimos trinta anos, atingindo um recorde histórico de 98 detentos para cada 100 mil habitantes. O número de prisioneiros passou de 29.500 em 1971 para 59 mil em 2005 (a diminuição iniciada em 1996 foi interrompida em 2002), menos que na Alemanha (78,6 mil presos em 2006) ou do que no Reino Unido (79 mil).

Umas atrás das outras, e somando-se às leis contra o terrorismo, têm surgido na França leis que restringem cada vez mais as liberdades e as garantias jurídicas dos cidadãos diante do poder público: lei da "segurança cotidiana", de 15 de novembro de 2001; lei da "segurança interna", de 18 de março de 2003; lei Perben 2 ("conferindo à Justiça adaptações relacionadas à evolução da criminalidade"), de 9 de março de 2004; lei sobre a "prevenção da delinquência", de junho de 2006. Os textos ampliam os motivos que justificam o fichamento de dados genéticos, originalmente reservado apenas aos crimes sexuais; introduzem o conceito de "bando organizado", que justifica um procedimento de exceção; suspendem as limitações à realização de revistas policiais em veículos; incrementam os poderes de investigação da polícia judiciária em detrimento dos direitos da defesa; transformam o prefeito em coordenador do trabalho de prevenção da delinquência; favorecem a criação de arquivos municipais dos que recebem assistência social; outorgam dedução fiscal para a instalação de câmeras de vigilância; criam centros educativos fechados para os menores de dezesseis anos; preveem a alocação de crianças a partir de dez anos em estabelecimento de educação especial; transformam em crime a ocupação de infraestruturas de transporte...

Criminalizar a contestação política

A democracia é traída no cotidiano, também, pelos arranjos estabelecidos entre o poder público e a lei. No domínio do direito do trabalho ou no da imigração, entendo que os códigos sejam frequentemente feridos. Mas, por não conhecer bem essas duas áreas, prefiro não comentar nada. No domínio do meio ambiente, em compensação, é nítido que, quando a oligarquia decide por alguma coisa, ela não hesita em cair em cima das regras que a atrapalham. No que concerne à questão nuclear, o governo se recusa a realizar plebiscitos departamentais referentes aos dejetos radioativos em Haute-Marne e Meuse, mesmo com as mais de 50 mil assinaturas, ou seja, mais de 20% dos cidadãos registrados nas listas eleitorais (a lei de 2003 exige 10%); recorre ao "segredo de defesa" para impedir a discussão sobre o efeito que teria a queda de um avião de carreira qualquer sobre um novo tipo de reator nuclear chamado EPR (European Pressurized Reactor); oculta dos deputados que debatem o assunto um comunicado reservado da administração encarregada do exame de sua segurança; organiza um debate público sobre a construção do reator à fusão chamado ITER (International Thermonuclear Experimental Reactor), sendo que a decisão já foi tomada etc. No que concerne aos OGM (Organismos Geneticamente Modificados), o governo se recusa a realizar o plebiscito departamental solicitado pelo Conselho Geral do Gers; ataca sistematicamente as dezenas de decretos municipais adotados pelas comunas para impedir as culturas transgênicas por elas indesejadas; oculta a existência dessas culturas, sendo que a determinação da União Europeia é de que elas sejam publicamente divulgadas; impede a divulgação de dossiês sobre a avaliação toxicológica dos OGM para impedir seu exame por especialistas que revelariam eventuais problemas para a saúde por eles detectados etc.

É interessante observar como as novas leis permitem que se atue contra os manifestantes da mesma forma que contra terroristas. Em janeiro de 2006, por exemplo, três pessoas de quem se pode imaginar que fossem "destruidores voluntários" opostos aos OGM foram colocadas em prisão preventiva por algumas horas, sendo interrogadas nos marcos de uma informação judiciária de "participação em uma organização de malfeitores". Nenhuma recriminação específica foi dirigida a essas pessoas interrogadas, razão pela qual seu advogado não tem acesso aos autos da instrução. Ao mesmo tempo, apreendem-se documentos e discos rígidos de computadores. Da mesma forma, o porta-voz da rede "Sair do nuclear" passou algumas horas detido, em maio de 2006, "sob controle da seção antiterrorista" que procura a origem do documento da grande empresa produtora de eletricidade nuclear EDF (Électricité de France) que mostra que o EPR é vulnerável à queda de um avião de carreira. Mais uma vez a polícia vasculha locais, apreende computadores, nenhum acesso aos autos... Em agosto de 2006, um destruidor voluntário, já condenado por ter participado da destruição de uma lavoura de OGM em 2001, foi julgado em Alès por sua recusa em admitir que seus dados genéticos integrassem o arquivo FNAEG (Arquivo Nacional Automatizado das Impressões Genéticas).

Rumo à vigilância total

Os neodemocratas dispõem de técnicas de controle social que os déspotas do passado jamais ousariam imaginar. Cada um de nós é fichado várias vezes, com a polícia e outros órgãos públicos tendo acesso cada vez mais fácil a essas informações – à nossa revelia, é claro. Os arquivos com dados genéticos não param de se desenvolver: o Reino Unido dá o exemplo à Europa, com 3 milhões de impressões, ou seja, 5% da população, ante "apenas" 125 mil na França. Triste acaso: o arquivo britânico conta com muito mais impressões genéticas de negros que de brancos.

As câmeras de videovigilância brotaram, em dez anos, como cogumelos depois da chuva. Elas são vistas nos ônibus, nas empresas, nos bairros residenciais, nas lojas, nas ruas... O Reino Unido é o campeão – contava com mais de 4 milhões de câmeras em 2004. Em 2006, a polícia inglesa instituiu uma imensa base de dados que permite registrar os movimentos dos veículos, com computadores que podem ler as suas placas dia e noite a partir de câmeras espalhadas nas principais estradas e nas cidades. Diariamente, a movimentação de 35 milhões de placas será, dessa forma, registrada e guardada por dois anos. As autoridades policiais comemoram: é "o maior avanço tecnológico em matéria de detecção de crimes desde a introdução das impressões genéticas".

Como o progresso não pode ser detido, um setor de pesquisas do Ministério do Interior britânico trabalha em programas de computador capazes de reconhecer rostos humanos e que poderiam ser acoplados às câmeras que monitoram as ruas e os locais públicos. Inventores privados criam outros dispositivos: por exemplo, o Mosquito. Trata-se de um pequeno estojo e de um alto-falante que emitem sons potentes e desagradáveis em determinada frequência, audível apenas pelas crianças e adolescentes. Com isso, é possível afastar os jovens dos locais onde eles tendem a se agrupar. O inventor, Howard Stapleton, prepara um "protótipo superpotente capaz de cobrir amplas áreas vedadas ao público, como estações de triagem ou canteiros de obras". Por que não as grandes avenidas durante as passeatas?

O ideal é que transeuntes e veículos se identifiquem por conta própria às instâncias de controle. Desenvolvem-se, nesse sentido, etiquetas eletrônicas chamadas RFID (*radio frequency identification*), chips com radiofrequência, ou transmissores, que armazenam informações relativas ao objeto ou ao ser que as leva consigo, assim como um pequeno dispositivo de rádio. Quando ele passa por um aparelho de leitura, essas informações são captadas por este último sem que o portador saiba. Os transmissores têm uma capacidade de armazenamento de um microcomputador de 1985. Nos sistemas mais aperfeiçoados, o aparelho de leitura pode estar a até cem metros de distância do transmissor e dessa forma captar as informações, mesmo que ele passe a toda a velocidade.

Esperava-se para 2006 a venda de mais de 1 bilhão de chips RFID, e muito mais do que isso para os anos seguintes. As empresas pensam em utilizá-los em todos os objetos comercializados, a fim de garantir o seu rastreamento. Melhoria da eficácia comercial? Provavelmente. Mas que traz consigo alguns riscos. Suponhamos, por exemplo, que essas etiquetas eletrônicas sejam colocadas em livros. Poderiam ser detectadas, dessa maneira, as pessoas que compram livros que relacionem ecologia, desigualdades, oligarquia e democracia... A organização Pièces et Main-d'Oeuvre imagina o que um aparelho de leitura instalado em uma via pública poderia registrar: "O mantô da marca Tex tamanho 42, número 987328765, comprado no dia 12 de novembro de 2006 às 17h08 na loja Carrefour de

Meylan, pago com cartão em nome de Gisèle Chabert em Grenoble, passou pelo campo do leitor de Grand-Palce hoje às 8h42, ontem às 11h20 e na última segunda-feira às 9h05. Ele está associado ao livro 30 *Receitas para emagrecer em família* retirado da biblioteca do centro por Gisèle Chabert" etc.

Os transmissores já fazem parte da vida cotidiana de muitos parisienses: os passes de transporte "Navigo", cartões com chip utilizados pelos passageiros da RATP (companhia de transportes urbanos) para se deslocar permitem à empresa ficar sabendo perfeitamente o trajeto de cada um. Um transmissor poderia, também, ser associado ao passaporte. Um jornalista inglês imagina que as autoridades, se equipadas com material adequado, poderão checar a identidade de várias pessoas, em uma manifestação, por exemplo, caso as novas carteiras de identidade venham equipadas com um transmissor.

Melhor ainda, do ponto de vista da vigilância, o transmissor poderia ser levado no próprio corpo da pessoa. A implantação já é algo comum em animais domésticos, no lugar da tatuagem. Não chegamos a isso plenamente no caso dos animais humanos, mas isso ainda virá: foi com muito entusiasmo que alguns frequentadores fiéis da discoteca Baja Beach Club, de Roterdã, implantaram um transmissor do tamanho de um grão de arroz no braço, o que os autoriza a entrar ali sem ser interrogados pelos seguranças e sem ter de pagar pela consumação – o leitor debita as despesas diretamente de suas contas –, além de terem acesso ao espaço reservado para as "pessoas privilegiadas". Outros usos começam a aparecer: dois funcionários da empresa Citywatcher, em Ohio, teriam sido os primeiros, nos Estados Unidos, a implantar em seu corpo um chip eletrônico como meio de identificação para entrar em algumas áreas reservadas da empresa. Nos Estados Unidos, o diretor da Verychip, empresa que fabrica a maior parte dos transmissores implantáveis, sugere que eles sejam colocados no corpo dos imigrantes legais, para evitar que tenham problemas com a polícia.

Alguns Estados desenvolvem, também, a identificação biométrica, um procedimento graças ao qual uma pessoa pode ser reconhecida a partir do registro digital, em uma listagem, de um de seus elementos físicos, como a impressão digital ou o formato da íris do olho. O registro biométrico em documentos de identidade começa a se generalizar sob impulso dos Estados Unidos. Ele pode provir de um transmissor. O projeto de carteira de identidade eletrônica INES, na França, inclui, em sua versão inicial, dados biométricos e o transmissor.

Uma alternativa ao implante do chip eletrônico é o bracelete eletrônico vinculado ao sistema de localização por satélite GPS (Global Positioning System). Alguns prisioneiros logo estarão equipados com esse bracelete, podendo circular por áreas predeterminadas e ser detectados, caso as ultrapassem, pelo GPS, o qual detonaria um sinal de alarme no computador localizado na sala de segurança.

Mas existe, ainda, algo mais simples, que é a utilização de um objeto de localização infalível com o qual a maioria dos cidadãos já está equipada voluntariamente com um entusiasmo que comprova a vitalidade do desejo de imitação descrito por Veblen: o telefone celular. Este constitui um excelente meio, para as autoridades, de seguir os indivíduos, que podem ser localizados a qualquer momento a partir das antenas mais próximas. Os consumidores já estão tão acostumados com essa vigilância permanente que, hoje, se propõe que eles mesmos a realizem: várias empresas oferecem aos pais a oportunidade de saber onde estão seus filhos a qualquer hora, graças aos seus celulares. Seja por meio da localização a partir das antenas, com a empresa fornecendo as informações, seja por um equipamento de GPS incorporado ao aparelho.

A empresa norte-americana Verizon possibilita até mesmo que os pais programem as áreas de movimentação liberadas para os seus anjinhos. Quando estes saem dessas áreas, os pais recebem uma mensagem de alerta.

A TRAIÇÃO DA MÍDIA

A mídia desempenha um papel fundamental na deterioração do espírito democrático. Seja assumindo o discurso de "segurança" do poder, seja desviando a atenção do público para outras questões, seja minimizando as tendências observadas, dando-lhes pouca visibilidade.

Há fortes razões estruturais, que examinaremos a seguir, para essa indiferença por parte da mídia. Mas não se deve negligenciar o insensível deslocamento do próprio espírito da corporação jornalística no sentido de um bom comportamento generalizado. Acaba-se encontrando todo tipo de justificativa para a aceitação da ordem estabelecida. A indignação passou a ser malvista, a opinião divergente é taxada de "militantismo", a crítica aos poderosos, velha figura sempre presente na arte jornalística, é tão mais incensada quanto menos praticada.

Dois episódios recentes são exemplares para apreciar essa evolução. A imprensa norte-americana, desde o 11 de setembro de 2001, primou pela ausência de espírito crítico em relação ao governo Bush. Engolindo o *Patriot Act* como se fosse um pão delicioso, chegou em alguns momentos a estimular o hediondo: não foi uma revista semanal considerada "liberal", a *Newsweek*, que recomendou o uso de tortura? Mas a imprensa chegou ao fundo do poço quando o governo de Washington espalhou a torto e a direito, no inverno 2002-2003, suas falsas informações destinadas a preparar a invasão do Iraque sem que a mídia as pusesse seriamente em dúvida. "Acredito que a imprensa estava amordaçada, e que ela mesma se autoamordaçou", afirmou, em setembro de 2003, Christiane Armanpour, jornalista de destaque da rede de televisão CNN. "Todo o mundo político, quer dizer, o governo, os serviços de informações, os jornalistas, não fez muitas perguntas."

Os canais de televisão e a mídia escrita deram vazão às alegações oficiais segundo as quais o chefe de Estado iraquiano sustentava a rede Al Qaeda e desenvolvia "armas de destruição massiva". O bastião da imprensa escrita, o *The New York Times*, secundou com todo o seu peso as mentiras da equipe presidencial. Em duas ocasiões, setembro de 2002 e abril de 2003, estampou na sua primeira página longas investigações que confirmavam as mentiras oficiais, apesar da ausência de indicações consistentes. Pediu desculpas mais tarde, mas o mal já estava feito.

Se aqueles que são supostamente os melhores caíram na rede, como poderiam os demais resistir? Um estudo feito sobre a cobertura jornalística da guerra a partir de 1.600 telejornais norte-americanos durante três semanas em abril de 2003 revela que, do total de opiniões divulgadas em entrevistas ou comentários, apenas 3% eram contrários à guerra. Um desequilíbrio flagrante, considerando inclusive as pesquisas de opinião, segundo as quais 27% das pessoas ouvidas se opunham à invasão do Iraque.

Mas não atiremos pedras nos nossos colegas do outro lado do Atlântico. A imprensa francesa se especializou, na primavera de 2005, em outro tipo de negação das evidências e na manutenção, sem nenhum espírito crítico, do discurso dominante. Durante o debate público que precedeu o referendo sobre o projeto de Constituição Europeia, a maior parte da mídia deu a palavra de uma forma bem mais que apenas majoritária aos defensores do "sim", sendo que estava claro, por um lado, que grande parte da população queria votar pelo "não" e, por outro, que os argumentos dos oponentes se apoiavam em raciocínios sólidos. Os jornais mais prestigiosos deram o tom. Que pena! Esses jornais – ou, melhor, suas direções de redação – não enxergaram que o retorno do debate político era um sinal de engajamento dos cidadãos em relação à coisa pública e que seu papel teria de ser o de se constituir como fórum desse debate, dar a palavra, com entusiasmo e ardor, igualmente aos dois lados, ilustrando, com sua prática, as virtudes do debate democrático. Mas não. Fechando os olhos para o movimento da sociedade, preferiram cobrir de injúrias (xenofobia, nacionalismo, dogmatismo etc.) os partidários do "não" – ou seja, o próprio povo, soberano, como ficou claro com a divulgação do resultado das urnas em 29 de maio de 2005.

Coisa estranha: muitos leitores consideraram desagradável pagar 1,20 euro todos os dias para serem chamados de fascistas. E pararam de fazê-lo.

Uma causa importante dessa insipidez moral da mídia é que seus diretores e sua hierarquia reproduzem, na maior parte dos casos, a maneira de pensar da oligarquia, à qual se sentem plenamente integrados. Altos salários lhes parecem naturais; um carro com motorista é algo óbvio. E eles seguem com entusiasmo os hábitos da classe dirigente. Eis o que observou o repórter mundano que cobriu a festa suntuosa dada pelo bilionário Pinault em Veneza: lá estavam "todos os patrões da imprensa, de braços dados com suas esposas, assim como os patrões dos canais de rádio e de televisão".

O diretor nomeia o redator chefe, que indica seus editores, os quais dirigem os jornalistas. Quem escolhe o diretor? O dono do veículo de comunicação. Se acontece de este último ser apaixonado pela informação e pela liberdade, ainda assim acaba se pautando, na maior parte dos casos, por seus próprios interesses. Em Hong Kong, por exemplo, "dos trinta jornais diários da cidade, somente o

Apple Daily é independente e faz críticas a Pequim, avalia o deputado Martin Lee. Por quê? Porque seu proprietário não tem interesses na China. Todos os demais investiram no continente e não querem perder dinheiro".

O CAPITALISMO JÁ NÃO PRECISA DA DEMOCRACIA

Como se tornaram possíveis a banalização da tortura, a multiplicação das leis de segurança, a ampliação dos poderes da polícia, a proliferação dos equipamentos de vigilância e a abdicação da mídia? Como pode se produzir tamanha deterioração do espírito democrático? Isso se deve ao fato de que, com o desmoronamento da URSS, a classe dirigente se convenceu de que não precisa mais da democracia. Antigamente, a liberdade era o melhor argumento para se contrapor ao modelo coletivista. Era boa para os indivíduos e favorecia um desempenho econômico muito maior. Mas, nos anos 1990, o paradigma que associava liberdade e capitalismo se dissolveu. Por um lado, a direita radical elaborou, nos Estados Unidos, sob a influência dos "neoconservadores", uma ideologia que depositava a prioridade na manutenção da ordem social instituída e do poder norte-americano. Por outro lado, a ascensão impressionante da economia chinesa, dentro de um contexto de repressão permanente em um regime de partido único, levou muitas cabeças a se habituarem com essa separação possível entre liberdades públicas e dinamismo econômico.

Assim, a democracia se torna antinômica em relação aos objetivos da oligarquia: ela favorece a contestação dos privilégios indevidos, alimenta o questionamento dos poderes ilegítimos, estimula uma avaliação racional das decisões tomadas. Torna-se, então, cada vez mais perigosa em um período em que as tendências nefastas do capitalismo se manifestam mais abertamente.

Como se isso não bastasse, o desperdício ostentatório demanda um grande consumo de petróleo e energia. Como suas reservas mais importantes estão localizadas no Oriente Médio, é preciso estabelecer uma política que vise a conter a contestação política nessa região do mundo. Essa política leva o nome de "luta contra o terrorismo". Ela apresenta a vantagem de justificar as restrições às liberdades em nome da segurança, o que permite reprimir os movimentos sociais que começam a despontar.

DESEJO DE CATÁSTROFE

A título de reflexão, acrescento aqui uma hipótese provocativa. Ingenuamente, tendemos a achar que os hiper-ricos temem a catástrofe ecológica que está por vir. Eles não teriam consciência dela ou se sentiriam impotentes para lidar com ela. Nada disso. Eles a desejam; aspiram à exacerbação, à desordem; atuam no sentido de se aproximar cada vez mais do limite invisível do vulcão; e se regozijam com a excitação proporcionada por esse comportamento evidentemente antissocial.

A maneira como a equipe do senhor Bush deflagrou a guerra no Iraque, a tentação até o momento em que foi abortada de utilizar minibombas atômicas no quadro de conflitos "clássicos", a retomada das despesas militares norte-americanas, sendo que elas já superam amplamente a soma das despesas com defesa dos países mais armados do planeta (Rússia, China, França, Alemanha, Grã-Bretanha, Índia), podem ser lidas, assim, como uma pulsão (da classe privilegiada) pela deflagração. A tentação da catástrofe ronda o cérebro dos dirigentes. O *Wall Street Journal*, maior jornal dos Estados

Unidos e o mais lido pela oligarquia, publicou as seguintes frases, espantosas, sob a assinatura de um professor de sociologia, Gunnard Heinsohn: "Quanto antes a Europa decair, melhor será para os Estados Unidos, cujas possibilidades de derrotar o terrorismo global serão ampliadas econômica e militarmente com a chegada dos mais brilhantes e mais corajosos dentre os europeus, sob a impulsão do pânico".

Não se pode excluir a existência, na oligarquia, de um desejo inconsciente de catástrofe, a busca de uma apoteose do consumo que significaria o consumo do próprio planeta Terra pelo esgotamento generalizado, pelo caos ou pela guerra nuclear. A violência reside no coração do processo que dá base à sociedade de consumo, como já observou Jean Baudrillard: "O desgaste dos objetos conduz à sua perda lenta. O valor agregado é muito mais intenso no caso de uma perda violenta".

"A ÉPOCA DAS RENÚNCIAS AUSTERAS QUE NOS ESPERA"

Seja como for, as crises ambiental e social que estão por vir submeterão o sistema democrático a fortes tensões. Para aliviá-las um pouco, cabe refletir no desafio colocado em 1979 pelo filósofo Hans Jonas: "É preciso adotar medidas que o interesse individual não requer espontaneamente e que dificilmente seriam objeto de uma decisão dentro do processo democrático". Essas medidas derivariam de uma política de enunciado muito simples, mas de difícil aplicação: diminuir o consumo material, aceitar a "automoderação da humanidade" em nome do interesse de todos e das futuras gerações.

Mas não se pode esperar diminuir o consumo material, em uma sociedade democrática, a não ser que isso se faça de forma igualitária: a pressão deve ser realizada antes de tudo sobre os ricos, o que faria com que fosse aceita, depois, de forma negociada, pelo conjunto dos cidadãos.

Se as relações de força impedem que esse passo adiante seja imposto aos poderosos, estes procurarão manter os seus excessivos privilégios pela força, aproveitando-se do enfraquecimento prévio da própria democracia, sob pretexto de medidas emergenciais indispensáveis. Os poderes já testaram essa possibilidade com o estado de emergência na França no outono de 2005, por ocasião das revoltas ocorridas nos subúrbios, ou nos Estados Unidos, quando do ciclone Katrina, em setembro de 2005, momento em que as forças armadas foram enviadas não para socorrer a população, pobre vítima das inundações, mas para expulsar os saqueadores.

A ironia da história seria que um poder autoritário se apoderasse da bandeira das necessidades ecológicas para impor restrições à liberdade sem ter de mexer na questão da desigualdade. A gestão das epidemias, os acidentes nucleares, a poluição extremada, a "gestão" dos imigrantes da crise climática são alguns dos motivos que facilitariam as restrições às liberdades.

No texto de Tocqueville que já citamos aqui, o que torna possível um novo despotismo é o individualismo, o olhar para si, o esquecimento de seus concidadãos. É justamente isso que o capitalismo nos promete: sua ideologia exalta a defesa, de cada um, de seus próprios interesses, pretendendo-se fazer crer que a soma das condutas individuais levaria, por meio de uma espécie de magia – "a mão invisível"–, a uma situação global ideal.

Para tentar prevenir as crises, é preciso, ao contrário, decidir coletivamente por algumas escolhas difíceis, sem o que a desordem que virá acabará encontrando uma resposta despótica. Precisamos urgentemente revitalizar a democracia, tornar novamente legítima a preocupação com o bem público, reacender a ideia do destino coletivo. Somente dessa maneira será possível enfrentar, com liberdade, "a época de exigências e de renúncias austeras que nos espera", nas palavras de Jonas. Isso passa pelo atrelamento entre o social e o ecológico, pela articulação entre o imperativo da solidariedade e a diminuição do consumo, pela reafirmação enérgica de que não existe vida digna fora da liberdade, quaisquer que sejam as dificuldades.

Capítulo 6

A URGÊNCIA E O OTIMISMO

É URGENTE. Deve-se mudar de rumo em um prazo máximo de dez anos – isso se a queda da economia norte-americana ou a explosão do Oriente Médio já não o tiverem imposto por intermédio do caos.

Para encarar a questão, é preciso saber qual é o objetivo: chegar a uma sociedade moderada; traçar o caminho: realizar essa transformação de forma equânime, ou seja, depositando o peso maior, inicialmente, naqueles que são mais capazes de suportá-lo, tanto dentro de cada sociedade como entre as diferentes sociedades; inspirar-se nos valores coletivos: "Liberdade, Ecologia, Fraternidade".

Quais são os principais obstáculos que bloqueiam esse caminho?

Primeiramente, as ideias prontas, tão impregnadas que acabam guiando a ação coletiva sem que ninguém reflita a seu respeito.

A mais poderosa delas é a crença de que o crescimento é a única alternativa para se resolverem os problemas sociais. Essa posição é defendida em um momento em que os fatos, justamente, a contradizem. E, ainda, deixando de lado a questão ambiental, pois os defensores do crescimento sabem que ele é incapaz de resolvê-la.

A segunda ideia, menos convicta de si mesma porém mais amplamente difundida, proclama que o avanço tecnológico resolverá os problemas de ordem ecológica. Sua difusão é promovida porque ela leva a esperar que será possível, graças a ele, evitar qualquer mudança maior nos comportamentos coletivos. O desenvolvimento tecnológico, ou, mais ainda, de alguns aspectos técnicos em detrimento de outros, conforta o sistema e alimenta lucros bastante robustos.

A terceira ideia preconcebida – estreitamente associada às duas precedentes – é a da fatalidade do desemprego. Este se tornou um elemento amplamente implantado pelo capitalismo, para o qual ele funciona como o meio mais eficaz para, dentro de certos limites, garantir a docilidade popular e os baixos níveis salariais. Ao contrário disso, a transferência de riquezas da oligarquia para os serviços públicos, uma taxação maior sobre a emissão de poluentes e sobre o capital, mais do que sobre o trabalho, políticas agrícolas ativas nos países do Sul, a busca da eficiência energética – tudo isso são fontes imensas capazes de gerar emprego.

Um quarto lugar-comum é o que liga a Europa e os Estados Unidos a um mesmo destino. Mas seus caminhos se separaram. A Europa ainda carrega um ideal de universalidade, cuja validade é demonstrada pela sua capacidade de unir, apesar das dificuldades, Estados e culturas muito diferentes. O consumo de energia, os valores culturais – por exemplo, o da alimentação, que é essencial –, a recusa à adoção da pena de morte e da tortura, uma desigualdade menos elevada e a permanência de um ideal de justiça social, o respeito ao direito internacional, o apoio ao Protocolo de Kyoto sobre o clima – esses são alguns traços que diferenciam a Europa dos Estados Unidos. É preciso afastar a Europa da potência obesa e aproximá-la do Sul.

120   *Hervé Kempf*

A OLIGARQUIA PODE SE DIVIDIR

Em seguida vêm as forças em jogo.

A primeira delas, logicamente, é a força do próprio sistema. Os fracassos que virão não serão suficientes, por si sós, para derrotá-lo, pois, como já vimos, ele poderá se ver obrigado a instituir um autoritarismo liberto dos frangalhos da democracia. O movimento social, no entanto, tem despertado, e temos motivos para acreditar que ele vai adquirir mais força. Mas ele não conseguirá aguentar sozinho a parada diante da ascensão da repressão: será necessário que as classes médias e uma parcela da oligarquia, que não é monolítica, assumam claramente o partido das liberdades públicas e do bem comum.

Os veículos de comunicação de massa constituem uma questão central. Hoje em dia, eles apoiam o capitalismo por razões econômicas, pois dependem, em sua grande maioria, da publicidade. Isso faz com que seja muito difícil, para eles, defender a ideia de uma redução no consumo. O surgimento e o crescimento dos jornais de distribuição gratuita, que vivem apenas de anúncios, aumentam ainda mais a pressão sobre os jornais pagos de grande distribuição, muitos dos quais já se encontram sob o controle de grandes grupos industriais. Não está garantido que as possibilidades de divulgação de informação proporcionadas pela internet, embora enormes e enquanto ela permanecer uma rede aberta, produzam um contrapeso suficiente em relação aos veículos de massa, que se tornariam, integralmente, porta-vozes da oligarquia. No entanto, a categoria dos jornalistas ainda não se curvou na sua totalidade, e ainda poderá se levantar em torno do ideal da defesa da liberdade.

Terceira, e trôpega, força: a esquerda. Desde que o componente social-democrata se tornou o seu centro de gravidade, ela abandonou a ambição de transformar o mundo. O compromisso com o liberalismo levou-a a adotar de forma tão contundente os valores deste último, que só com extrema cautela em seu linguajar é que ela ainda ousa lamentar a desigualdade social. Além disso, expressa uma recusa caricatural em se interessar de verdade pela ecologia. A esquerda continua presa à ideia de progresso tal como era concebida no século XIX, acredita que a ciência é feita hoje como nos tempos de Louis Pasteur, e entoa o canto do crescimento sem o menor sinal de espírito crítico. Mais do que falar em "social-democracia", aliás, mais pertinente seria falar em "social-capitalismo". E, no entanto, podem os desafios colocados pelo século XXI ser ressaltados por filhos de outras tradições que não aquela que colocava a desigualdade no primeiro plano de sua revolta? Esse hiato está no centro da vida política. A esquerda só poderá ressurgir unindo as causas da desigualdade e da ecologia – caso contrário, desaparecerá por inaptidão em meio à desordem generalizada, que a varrerá do mapa como tudo o mais.

Sejamos, porém, otimistas.

Otimistas porque somos em número cada vez maior aqueles que compreendem, contra todos os conservadores, a novidade histórica trazida pela atual situação: vivemos uma nova fase, jamais vista, da história da espécie humana, um momento em que, depois de conquistar o planeta, atingindo os seus limites, ela tem de pensar de outra maneira a sua relação com a natureza, com o espaço, com seu próprio destino.

Otimistas, à medida que se expande a consciência da importância histórica das questões atuais, à medida que começa a despertar o espírito de liberdade e de solidariedade. Desde Seattle e do protesto contra a Organização Mundial do Comércio, em 1999, a balança começa a pesar no outro lado, no sentido de uma preocupação coletiva com as escolhas relativas ao futuro, em busca da

122 *Hervé Kempf*

cooperação, mais que da competição. A batalha bem-sucedida contra os Organismos Geneticamente Modificados, mesmo ainda inacabada, a manutenção pela comunidade internacional do Protocolo de Kyoto em 2001, apesar da retirada dos Estados Unidos, a recusa dos povos europeus em participar da invasão do Iraque em 2003, a rejeição ao projeto capitalista de Constituição Europeia em 2005, e até mesmo a eleição de Barack Obama à Presidência dos Estados Unidos, em novembro de 2008, são sinais de que o vento do futuro começa a soprar novamente. Apesar da amplitude dos desafios que nos aguardam, as soluções aparecem, e ressurge o desejo de reconstruir o mundo contra as perspectivas sinistras erguidas pelos oligarcas.

Epílogo

NO CAFÉ DO PLANETA

Não gostaria de encerrar em tom tão grave. Pois, apesar de tudo, estamos contentes, como o amigo Lovelock, e achamos que certa leveza de alma poderia ajudar a dissolver os percursos desastrosos percorridos pelos oligarcas com seus calçados de chumbo.

Há algumas décadas, o primeiro bilionário da França, Marcel Dassault, publicava em *Jours de France* um "café do comércio", em que colocava em cena uma conversa entre pessoas honradas que expunham as preocupações, segundo ele, do momento. Não sei mais muito bem o que elas diziam ali, mas a forma era bem original. Em homenagem ao titio Marcel – como você pode ver, não quero mal aos bilionários, é preciso apenas dividir a sua fortuna por cem ou por mil, e instituir um RMA (Renda Máxima Admissível) obrigatório –, apresento aqui o "Café do Planeta". Para isso, recorri à ajuda de vários companheiros encontrados ao longo de minhas leituras:

FÉLIX GUATTARI, psiquiatra – Arriscamo-nos a não haver mais história humana caso a própria humanidade não retome, de forma radical, o controle sobre ela mesma.

- Você não tem medo mesmo das palavras grandiosas. Também não estamos na catástrofe total!

JEAN-PIERRE DUPUY, filósofo – Para prevenir a catástrofe, temos de acreditar na sua possibilidade antes que ela se produza.

- E o que poderia acontecer, por exemplo?

ROBERT BARBAULT, ambientalista – Se a humanidade não impuser daqui até 2050 meios radicalmente novos para lidar com suas questões, o horizonte será sombrio e a sexta crise de extinção se tornará uma perspectiva concreta.

- Bom, não teremos mais sapos. É só isso?

KOFI ANNAN, secretário-geral da Organização das Nações Unidas – Na África, cerca de 60 milhões de pessoas deixarão a região do Sahel nos próximos vinte anos em busca de localidades menos inóspitas, caso a desertificação de suas terras não seja sustada.

- Bom, aí, obviamente... elas virão para o nosso país, não é? Não gosto muito disso. Vamos fechar as fronteiras. Vamos nos proteger!

HAMA AMADOU, primeiro-ministro do Níger – Nenhuma medida, nenhum exército com militares e policiais será capaz de impedir que nossos concidadãos, vivendo na miséria e na fome, invadam os países onde há abundância.

- Hum, aí a coisa começa a ficar mais quente. Não dá para trancar todo mundo. Esses países precisam se desenvolver, crescer economicamente. É a única solução. Se tiverem comida na casa deles, não virão para a nossa.

LESTER BROWN, agrônomo – Se a China atingir o patamar de três carros para cada quatro pessoas, como nos Estados Unidos, serão, ali, 1,1 bilhão de carros. Hoje, o mundo inteiro conta com 800 milhões. Isso demandaria mais 99 bilhões de barris de petróleo por dia. Atualmente o mundo produz 82 milhões de barris por dia.

- Você quer dizer que não haverá petróleo suficiente. Na bomba de gasolina a coisa já está estourando... Está vendo só? A China e a Índia é que estão agravando ainda mais o problema. Elas já produzem muito dos seus gases de efeito estufa. Têm de fazer pelo menos algum esforço, poxa!

LAURENCE TUBIANA, diretora do Instituto Internacional do Desenvolvimento Sustentável – Os países do Primeiro Mundo devem permitir o acesso aos recursos dos países emergentes: longe de entrar em uma competição por esse acesso, eles deveriam restringir fortemente a sua retirada de recursos naturais. É a única atitude responsável para que os países emergentes considerem legítima e equilibrada qualquer discussão sobre o modelo de crescimento que eles vão adotar.

- "Restringir a retirada"... Você acha que é fácil. Existem pobres nos nossos países também.

MARTIN HIRSCH, presidente da Emmaüs France – É uma ilusão pensar em vencer a pobreza nos países ricos sem cuidar da dos países menos favorecidos.

- Oh, mas vocês todos pensam a mesma coisa, é impossível discutir! Bom, eu também vou me repetir: o que os países pobres precisam é de crescimento econômico!

JUAN SOMAVIA, diretor-geral do Bureau Internacional do Trabalho – Em nível mundial, o desemprego aumentou 21,9% em dez anos, atingindo 191,8 milhões de pessoas em 2005, um recorde histórico. A China, que desfruta de um crescimento anual de 9% a 10%, cria cerca de 10 milhões de novos empregos por ano, duas vezes menos que o número de pessoas que entram no mercado de trabalho, no mesmo período, naquele país.

- Ah, já chega! É muito bacana criticar o crescimento, mas vocês têm outra solução?

DAMIEN MILLET, do Comitê pela Anulação da Dívida do Terceiro Mundo – A prioridade absoluta deve ser a satisfação universal das necessidades humanas fundamentais.

- Tudo bem, mas isso não é uma solução.

JUAN SOMAVIA – O desenvolvimento social de um país não pode ser bem-sucedido se não partir da base e da sociedade local.

UM AGRÔNOMO DA FAO – Políticas agrícolas equilibradas, combinadas com um bom nível de investimentos, poderiam ajudar a reduzir a pressão da imigração ilegal que força as portas da Europa e da América do Norte.

- Um bom nível de investimentos? Isso custa dinheiro. Onde é que você irá buscá-lo?

UM ESPECIALISTA DO PNUD – A quantia necessária para fazer 1 bilhão de pessoas ficarem acima do nível de pobreza de 1 dólar por dia é de 300 bilhões de dólares. Em valores absolutos, essa cifra parece exorbitante. No entanto, ela equivale a menos de 2% da renda dos 10% mais ricos de toda a população mundial.

- E você acha que eles vão abrir mão desses 2% sem mais nem menos? Não está sendo um pouco ingênuo?

ROBERT NEWMAN, autor de *History of oil* – As grandes corporações impedirão qualquer lei ou regulamentação que procurasse constranger a sua rentabilidade. Somente rompendo o poder das grandes empresas e submetendo-as ao controle da sociedade é que seremos capazes de superar a crise ambiental.

- Espero que você se dê bem. O inglês tem razão, os donos da Coca-Cola e companhia não vão abrir mão das suas bistequinhas pelos belos olhos dos chinchilas.

MICHAEL MOORE, documentarista – Aos olhos dos ricos, a existência de vocês só tem valor porque eles precisam do seu voto a cada eleição para eleger os políticos cujas campanhas eles financiaram. Esse sistema norte-americano terrível que permite que o país seja governado pela vontade do povo é algo muito ruim para os ricos, pois, todos juntos, eles não representam nem 1% do "povo".

- Moore, o gordo anti-Bush, por aqui? É, ele estava no Festival de Cannes, não me lembro quando, eu vi na televisão. É um cara divertido. Diz coisas legais. Só que não sei se você notou, mas na verdade não votam todos juntos. Além disso, a esquerda, que é contra os ricos, é também, no fundo, a favor do crescimento. *Tam!*

GENEVIÈVE AZAM, economista – A consolidação de uma ecologia política é a condição para que a questão social e a questão ambiental sejam colocadas de forma simultânea. As opções e modalidades de produção da riqueza e a distribuição dessa riqueza não podem ser pensadas separadamente.

- Uau, eis uma intelectual! "Não podem ser pensadas separadamente." O que eu quero são coisas concretas!

JEAN MATOUK, economista – Em uma grande empresa em que a massa salarial dos vinte executivos mais bem pagos fosse de 8 milhões de euros, uma economia de 20% nesses salários possibilitaria a criação, na mesma empresa ou em alguma filial, de cinquenta novos empregos a 1,5 mil euros mensais. A quantidade de vagas criadas dessa forma é pequena, mas ela aumentaria muito rapidamente se a economia em salários se fizesse também em níveis um pouco abaixo daqueles, mesmo que seja em porcentagem menor.

- Ah, essa é engraçada, dessa eu gosto. Mas, se a gente diminuir os salários dos ricos, teremos menos coisas...

HENRY MILLER, escritor – O que mais tememos, diante do desastre que nos ameaça, é ter de abrir mão dos nossos amuletos, dos nossos aparelhos e de todos os pequenos confortos que essa vida tão desconfortável nos proporcionou.

- Amuletos... agora nós voltamos para a África. Não estou convencido de que têm razão em tudo o que dizem, mas vocês são simpáticos. Vamos lá, vamos tomar alguma coisa, e dessa vez eu pago! À saúde do planeta!

Referências

Capítulo 1. A catástrofe. E então?

"Já é bastante...": Michel Loreau, "Une extinction massive des espèces est annoncée pour le xxie siècle", depoimento a Hervé Kempf, *Le Monde*, 9 de janeiro de 2006.

Sobre James Lovelock, ver James Lovelock, The Revenge of Gaia, Allen Lane, Londres, 2006; Hervé Kempf, "James Lovelock, docteur catastrophe", *Le Monde*, 11 de fevereiro de 2006.

Efeito estufa nos anos 1970: Alfred Sauvy se refere a ele em *Croissance zero?*, Calmann-Lévy, 1973, p. 197.

Aumento da temperatura média no fim do século xxi: GIEC (Grupo Intergovernamental de Especialistas na Evolução do Clima), Changements climatiques 2001: *Rapport de synthèse, résumé à l'intention des décideurs*, p. 9.

"... que os climatologistas tendem a situar em torno de dois graus de aquecimento": International Symposium on the Stabilisation of Greenhouse Gases, Hadley Centre, Met Office, Exeter, 1-3 de fevereiro de 2005, *Report of the Steering Committee*, 3 de fevereiro de 2005.

"esse processo reparador poderia não funcionar mais": ver "La menace de l'emballement", Science et Vie, nº 1061, fevereiro de 2006.

Elevação do nível do mar: Richard Kerr, "A worryng trend of less ice, higher seas", *Science*, vol. 311, p. 1698, 24 de março de 2006.

"a vegetação da Europa, em vez de absorver gás carbônico, liberou-o em quantidade significativa": Philippe Ciais et al., "Europe-wilde reduction in primary productivity caused by the heart and drought in 2003", *Nature*, 22 de setembro de 2005.

"todo o carbono armazenado recentemente poderia se espargir em um século": Sergey Zimov et al., "Permafrost and the global carbon budget", *Science*, 16 de junho de 2006.

"... os modelos climáticos subestimaram as interações...": Marten Scheffer et al., "Positive feedback between global warming and atmospheric CO_2 concentration inferred from past climate change", *Geophysical Letters*, vol. 33, 2006.

"... preocupa-se Stephen Schneider": Stephen Schneider, contato pessoal, mensagem eletrônica de 24 de março de 2006. Ver também: Stephen Schneider e Michael Mastrandea, "Probabilistic assessment of 'dangerous' climate change and emissions pathways", *Proceedings of the National Academy of Sciences*, 1º de novembro de 2005.

"Sexta extinção" e Relatório sobre a Biodiversidade Global: "Humans spur worst extinctions since dinosaurs", *Agência Reuters*, 21 de março de 2006.

"Lista vermelha" das espécies ameaçadas: Hervé Morin, "L'érosion de la divérsité de la planète se porsuit", *Le Monde*, 23 de maio de 2005.

Previsão do centro Globio: "Mapping human impacts on the biosphere", www.globio. info, consultado em março de 2006.

"... destaca o Millenium Ecosystem Assessment": Millenium Ecosystem Assessment, Living beyond our means, statement from the board, março de 2005.

"Conhecemos nos últimos trinta anos...": Neville Ash, do World Conservation Center, em Cambridge, Reino Unido; comunicação pessoal, junho de 2005. Ver também: United Nations Environment Programme, One planet, many people, atlas of our changing environment, Nairóbi, 2005.

Manifesto em defesa das paisagens: www.manifestepourlespaysages.org.

Jacques Weber: citado por Philippe Testard-Vaillant, "Biodiversité. Les cinq défis du CNRS", *Le Figaro Magazine*, 28 de abril de 2006.

Jean-Pierre Féral: citado por Philippe Testard-Vaillant, ibid.

Reservas de peixes superexploradas: FAO, Sofia, situation mondiale des pêches et de l'aquaculture, 2005.

Dejetos nos oceanos: Kristina Gjerde, Ecosystems and biodiversity in deep waters and high seas, UNEP-UICN, 2006.

Salmões selvagens no Alasca: E. M. Krümmel et al., "Delivery of pollutants by spawning salmon", *Nature*, 18 de setembro de 2003.

Produtos químicos no leite materno: BUND (Friends of the Earth International, Alemanha) e Friends of the Earth Europe, Toxic Inheritance, 2006.

Relação entre pesticidas e fertilidade: John Meeker et al., "Exposure to nonpersistent insecticides and male reproduction hormones", *Epidemiology*, janeiro de 2006.

Relação entre poluição do ar e fertilidade: Rémy Slama, "Les polluants de l'air influencent-ils da reproduction humaine?", *Extrapol*, nº 28 de junho de 2006.

Sobre expectativa de vida: Claude Aubert, *Espérance de vie, la fin des illusions*, Terre Vivante, 2006.

"Nos Estados Unidos, a expectativa de vida das mulheres tende a se estabilizar": Jean-Claude Chesnais, Institut National d'Études Demographiques, comunicação pessoal, junho de 2006.

Pesquisa de Jay Olshansky: Jay Olshansky, "A potential decline in life expectancy in the United States in the 21st century", *The New England Journal of Medicine*, 352, nº 11, 2005, p. 1138.

"Em 2004, a China emitia...": International Energy Annual 2004, Energy Information Administration. Annual European Community Greenhouse Gas inventory 1990--2004 and Inventory Report 2006, Agência Europeia do Meio Ambiente.

"... em 2003, ela chegou a 1,2 vez...": Living Planet Report 2006, World Wildlife Fund.

Perda de terras aráveis na China: Institut Worldwatch, *L'État 2006 de la planète*, Association L'État de la Planète Publications, Genebra, 2006, p.17.

Avanço do deserto na China: "China promise to pushg back spreading deserts", *Agência Reuters*, 1º de março de 2006.

Rio Amarelo seco: Frédéric Koller, "Chine: Le mal paysan", *Alternatives Économiques*, fevereiro de 2006.

Poluição do Yang-Tseu-Kiang: "Cri d'alarme des experts face à la pollution du Yangtse", Agência France Presse, 30 de maio de 2006.

"Trezentos milhões de chineses [...] bebem água poluída": Richard McGregor, "The polluter pays: how environmental disaster is straining China's social fabric", *Financial Times*, 27 de janeiro de 2006.

Cidades poluídas na China: Lindsay Beck, "China warns of disaster if pollution not curbed", *Agência Reuters*, 13 de março de 2006.

"O ar chinês está também de tal maneira saturado...": Institut Worldwatch, *L'État 2006 de la planète*, op. cit., p. 8.

"... reduz a capacidade dos corais e do plâncton...": Peter Haugan et al., *Effets on the Marine Environment of Ocean Acidification Resulting from Elevated Levels of* CO_2 *in the atmosphere*, Directorate for Nature Management, Oslo, 2006.

"... os organismos providos de uma concha...": Stéphane Foucart, "L'océan de plus en plus acide", *Le Monde*, 18 e 19 de junho de 2006. Ver também: EUR-Océans, "L'acidification des océans: um nouvel enjeu pour la recherche et le réseau d'excellence Eur-Océans", 1º de junho de 2006.

"Um estudo científico publicado em 2004...": Cris Thomas et al., "Extinction risk from climate change", *Nature*, 2004, vol. 427, p. 145.

"... do lobby nuclearista, que se utiliza da mudança climática...": observado desde 1989 por *Reporterre*, "Effet de serre: l'alibi nucléaire", setembro de 1989.

Sobre a curva de Hubbert: Jean-Luc Wingert, La vie après le pétrole, Autrement, 2005.

"... a China utiliza hoje 1/13 do petróleo...": segundo o Institut Worldwatch, *L'État 2006 de la planète*, op. cit., p. 11, corrigida pelo autor com os dados do BP Statistical Review of World Energy, junho de 2006.

"... em 2007, para os mais pessimistas...": Jean-Luc Wingert, *La vie après le pétrole*, op. cit., p. 90.

"em torno de 2040 ou 2050...", ibid., p. 98.

"A empresa Total...": Hervé Kempf, "Selon Total, la production de pétrole culminera vers 2025", *Le Monde*, 24 de junho de 2004.

"Para Michel Loreau...": Michel Loreau, "Une extinction massive des espèces est annoncée pour le xxi siècle", *Le Monde*, 9 de janeiro de 2006.

"Um deles, Martin McKee...": Martin McKee, "Prévenir et combattre l'éternel retour des épidémies", depoimento a Laure Belot e Paul Benkimoun, *Le Monde*, 2 e 3 de abril de 2006.

"O deputado ecologista Yves Cochet, da França, espera...": citado por Hervé Kempf, "Écologisme radical et décroissance", *Le Monde*, 4 de março de 2005. Ver também: Yves Cochet, *Pétrole Apocalypse*, Fayard, 2005.

"Dois engenheiros, Jean-Marc Jancovici...": Jean-Marc Jancovici e Alain Grandjean, *Le plein s'il vous plaît!*, Éditions du Seuil, 2005, p. 124.

"O socialismo [...] Foi incapaz de incorporar a crítica ambientalista...": ver Jean-Paul Besset, *Comment ne plus être progressiste... sans devenir réactionnaire*, Fayard, 2005.

CAPÍTULO 2. Crise ecológica, crise social

"No inverno 2005-2006...": Bertrand Bissuel, "La fréquentation des centres pour sans-abri a augmenté significativement", *Le Monde*, 22 de abril de 2006.

"Cada vez mais pesoas [...] vivem em *trailers*": segundo Claire Cossée, do Centre National de la Recherche Scientifique, citada por Christelle Chabaud, "Caravanes de la précarité", *L'Humanité Hebdo*, 14 e 15 de janeiro de 2006.

"120 milhões de crianças vivem sozinhas...": Hubert Prolongeau, "Des enfants dans la rue", www.lattention, consultado em abril de 2006.

"Em 2004, na França, cerca de 3,5 milhões...": *Le Figaro Magazine*, 28 de abril de 2006.

"Segundo o ONPES...": Cyrille Poy, "Um bilan três alarmant", *L'Humanité Hebdo*, 25 e 26 de fevereiro de 2006.

"Esse patamar era de 1.254 euros mensais em 2006". Cyrille Poy, ibid.

"Na Suíça, a Associação Caritas...": Damien Roustel, "La pauvreté gagne du terrain em Suisse", *L'Humanité*, 12 de janeiro de 2006.

"Na Alemanha, a proporção de pessoas...": Odile Benyahia-Kouider, "Aveu de pauvreté", *Libération*, 16 de setembro de 2005.

"Na Grã-Bretanha, ela chegava, em 2002, 22%...": Eldin Fahmy e David Gordon, "La pauvreté et l'exclusion sociale en Grande-Bretagne", *Économie et Statistique*, nº 383-384-385, 2005, p. 110.

"Nos Estados Unidos, 23% da população...": Jacques Mistral, "Aux États-Unis Il n'y a pas des exclus, il y a des pauvres", *Alternatives Économiques*, maio de 2006.

"No Japão, o número de casais...": Philippe Pons, "La hausse des inégalités crée un Japon à deux vitesses", *Le Monde*, 3 de maio de 2006.

"... funcionários da própria prefeitura de Paris perderam suas moradias": Christine Garin, "Des agents de La Ville de Paris se retrouvent sans domicile fixe", *Le Monde*, 19 de setembro de 2005.

"Como explica o economista Jacques Rigaudiat...": Jacques Rigaudiat, "20 millions de précaires em France", depoimento a Cyrille Poy, *L'Humanité*, 3 de março de 2006.

"O ONPES o confirma...": Cyrille Poy, "Um bilan très alarmant", *L'Humanité Hebdo*, 25 e 26 de fevereiro de 2006.

"... para Pierre Concialdi...": Pierre Concialdi, "Entre 1,3 et 3,6 millions de travailleurs pauvres", depoimento a Christelle Chabaud, *L'Humanité Hebdo*, 14 ë 15 de janeiro de 2006.

"Segundo Franz Müntefering...": Franz Müntefering, entrevista publicada no *Financial Times Deutschland* em 3 de abril e citada no *Le Monde* em 4 de abril de 2006.

"Segundo a Rede de Alerta para as Desigualdades...": Réseau d'Alerte sur les Inégalités, "Baromètre des inégalités et de la pauvreté, édition 2006: Bip 40 poursuit as hausse", 2006, www.bip40.org.

"O INSEE [...] calcula, no entanto, que a taxa de pobreza...": Michel Delberghe, "Selon l'INSEE, le pouvoir d'achat des ménages a augmenté de 1,4% em 2004", Le Monde, 11 de novembro de 2005, citando INSEE, France, Portrait Social 2005-2006, de novembro de 2005.

"Há uma inversão da tendência...": Louis Maurin, comunicação pessoal, junho de 2006.

"... observa Martin Hirsch": Martin Hirsch, "Les formes modernes de la pauvreté", em *La nouvelle critique sociale*, Éditions du Seuil, 2006, p. 78.

"Para Jacques Rigaudiat...": Jacques Rigaudiat, "20 millions de précaires em France", depoimento a Cyrille Poy, *L'Humanité*, 3 de março de 2006.

"... destaca o PNUD": PNUD (Programa das Nações Unidas para o Desenvolvimento), Rapport mondial sur le développement humain 2005, *Economica*, 2005, pp. 3 e 4.

"... 2,4 bilhões não têm instalações sanitárias adequadas": PNUE (Programa das Nações Unidas para o Meio Ambiente), *L'Avenir de l'environnement mondial 3-GEO3*, De Boeck Université, 2002, p. 152.

"... o aumento na expectativa de vida"...: PNUE, ibid., p. 33; PNUD, ibid., p. 21.

"... a pobreza extrema recuou...": PNUD, ibid., p. 22.

"A parcela da população chinesa que vive com menos de um dólar...": Institut Worldwatch, *L'État 2006 de la planète*, op. cit., p. 6.

"Da mesma forma, a China...": FAO, *L'État de l'insecutité alimentaire dansl le monde 2003*, 2003, p. 6.

"A partir de meados dos anos 1990...": PNUD, *Rapport mondial sur le développement humain 2005*, op. cit., p. 37.

"Estimava-se, assim, em 800 milhões...": FAO, *L'État de l'insecurité alimentaire dans le monde 2003*, 2003.

"... 2 bilhões de seres humanos padecem de carências alimentares...": Marcel Mazoyer, citado por Hervé Kempf, "Alerte pout 800 millions d'hommes sous-alimentés", *Le Monde*, 10 de junho de 2002.

"A própria Índia assiste novamente a um aumento no número de cidadãos subnutridos...": FAO, *L'État de l'insecutité alimentaire dans le monde 2005*, 2005, p. 30.

"A inflexão da tendência...": citado por Hervé Kempf, "La faim dans le monde augmente à nouveau", *Le Monde*, 27 de novembro de 2003.

"... 1 bilhão de cidadãos [...] vivendo em favelas...": UN-Habitat, State of the World's Cities 2006/7, Earthscan, 2006, p. IX.

"Na França, segundo o INSEE, a renda bruta média...": Michel Delberghe, "Selon l'INSEE, le pouvoir d'achat dês ménages a augmenté de 1,4% en 2004", *Le Monde*, novembro de 2005.

"... nos últimos vinte anos, a situação salarial média...": Pierre Concialdi, "Entre 1,3 et 1,6 millions de travailleurs pauvres", depoimento a Christelle Chabaud, *L'Humanité Hebdo*, 14 e 15 de janeiro de 2006.

"Para o economista Thomas Piketty...": *L'Économie des inégalités*, La Découverte, col. "Repères", 2004, p. 19.

"Com efeito, um estudo realizado por Piketty...": Piketty e Saez, "The evolution of top incomes: a historical and international perspective", NBER Working Papers, n° 11955, janeiro de 2006.

"Nos Estados Unidos, resume a revista *The Economist*...": "Even higher society, ever harder to ascend", *The Economist*, 29 de dezembro de 2004.

"A desigualdade aumentou continuamente...": Dan Seligman, "The inequality imperative", *Forbes*, 10 de outubro de 2005, p. 64.

"No Japão, observa o jornalista...": Philippe Pons, "Adachi: um cas de paupérisation silencieuse", *Le Monde*, 3 de maio de 2006."... as desigualdades começam a se aprofundar...": Philippe Pons, "La hausse des inégalités crée un Japon a deux vitesses", *Le Monde*, 3 de maio de 2006.

"Em meados dos anos 1950...": Louis Maurin, "La société de l'inégalité des chances", *Alternatives Économiques*, fevereiro de 2006.

"... observa o sociólogo Louis Chauvel": Louis Chauvel, "Déclassement: les jeunes em première ligne", edição especial de *Alternatives Économiques*, n° 69, 3° trimestre de 2006, p. 50.

"Nesse caso, as disparidades são ainda maiores...": Thomas Piketty, *L'Économie des inégalités*, op. cit., p. 14.

"Se, em matéria de poder de compra...": Hervé Nathan et al., "Ceux qui possèdent la France", *Marianne*, 26 de agosto de 2006.

"Na Guatemala, em 1997": Henriette Geiger, representante da União Europeia na Guatemala, comunicação pessoal, outubro de 2001.

"Geralmente, a América Latina e a África...": PNUD, *Rapport mondial sur le développement humain 2005*, op. cit., pp. 38 e 53.

"Na Índia...": ibid., p. 32.

"Na China, como resume...": François Lantz, "Chine: les faiblesses d'une puissance", *Alternatives Économiques*, março de 2006.

"Um empresário chinês, Zhang Xin...": citado por Maria Bartiromo, "What they said at Davos", *Business Week*, 6 de fevereiro de 2006.

"Segundo o PNUD, ele não diminui...": PNUD, *Rapport sur le développement humain 2005*, op. cit., p. 27.

"Não só os países pobres...": ibid., p. 39.

"...não consegue amortecer os impactos negativos...": Sunita Narain, "Préface", *L'État 2006 de la planète*, Institut Worldwatch.

"... destaca André Cicolella...": André Cicolella, "Santé sacrifiée", *Politis*, 13 de abril de 2006.

"... na China, adverte Zhou Shenxian...": "Pollution fuelling social unrest – chinese official", *Agência Reuters*, 21 de abril de 2006.

"Vilarejos do câncer": Philippe Grangereau, "Xiditou, 'village du cancer' sacrifiée à la croissance chinoise", *Libération*, 11 de abril de 2006.

"74 mil em 2004": Fréderic Koller, "Chine: le mal paysan", *Alternatives Économiques*, fevereiro de 2006.

"... seis camponeses mortos pela polícia...": "Fat of the land", *The Economist*, 25 de março de 2006.

"39 assassinatos em 2004": segundo a Comissão Pastoral da Terra, citada pela *Agência Reuters*, "Brazil land conflicts worst in decades – report", 20 de abril de 2005.

"Em inúmeros casos", constatam os especialistas...": Millenium Ecosystem Assessement, Living beyond our means, statement from the board, março de 2005, pp. 19-20.

"... dois terços das pessoas que sobrevivem...": PNUD, *Rapport mondial sur le développement humain 2005*, op. cit., p. 10.

"O que alguns chamam de 'livre-troca'...": Marc Dufumier, "Pour une émigration choisie: le commerce équitable", não publicado, maio de 2006. Ver Marc Dufumier, *Agriculture et paysanneries des tiers mondes*, Karthala, 2004.

Capítulo 3. Os poderosos deste mundo

Oligarquia: definição do [dicionário] Petit Larousse 2005.

"Barões voadores": ver Marianne Debouzy, *Le capitalisme "sauvage" aux États-Unis, 1860-1900*, Éditions du Seuil, 1972.

"Entre 2000 e 2004, os honorários...": Jean-Claude Jaillette et al., "Revenus 1995-2005. Les gagnants et les perdants", *Marianne*, 4 de março de 2006.

"... segundo a empresa de consultoria em investimentos Proxinvest...": Proxinvest, nota à imprensa, "Rapport 2005 sur la rémuneration des dirigeants des sociétes cotées", 22 de novembro de 2005.

"Os empresários franceses mais bem remunerados...": Bruno Declairieux, "Salaires des patrons: encore une année faste!", *Capital*, dezembro de 2005.

"... desde 1998 os honorários...": Thierry Philippon, "Monsieur 250 millions d'euros", *Le Nouvel Observateur*, 8 de junho de 2006.

Jetons de presença: Philippon, ibid.

"... segundo um estudo da Standard & Poor...": Adam Geller, "Rise in play for CEOs slows but doesn't stop", *International Herald Tribune*, 20 de abril de 2006.

Remuneração dos donos da Sonoco etc., e prêmios de demissão de Lee Raymond e outros executivos norte-americanos: Adam Geller, ibid.; Alex Tarquinio, "Oil prices push upward, and bosses' pay follows", *The New York Times*, reproduzido em *Le Monde* em 22 de abril de 2006.

Escândalo Jacques Calvet: Jean-Luc Porquet, *Que les gros salaires baissent la tetê!*, Michalon, 2005, p. 16.

Peter Drucker: citado por Laure Belot e Martine Orange, "Les avis de Peter Drucker et Warren Buffet", *Le Monde*, 23 de maio de 2003.

"Entre 1995 e 2005, a renda proveniente dos dividendos...": Jean-Claude Jaillette et al., "Revenus 1995-2005. Les gagnants et les perdants", *Marianne*, 4 de março de 2006.

Citação de Rochefort: Robert Rochefort, "La France, un pays riche!", *La Croix*, 16 de janeiro de 2006.

"Os agentes financeiros também acumulam...": Marc Roche, "3 000 banquiers de la City auront un bonus de plus de 1 million de livres", *Le Monde*, 31 de dezembro de 2005.

"A consultoria financeira Goldman Sachs...": ibid.

"Greenwich, perto de Nova York...": Stephen Schurr, "A day in the life of America's financial frontier boom town", *Financial Times*, 13 de março de 2006.

Beresford citado por Agnès Catherine Poirier, "Par ici la money", *Télerama*, 3 de maio de 2006.

"A multiplicação do número de bilionários...": Luisa Kroll e Allison Fass, "Billionaire bachanalia", *Forbes*, 27 de março de 2006.

"Uma quantia equivalente...": Comitê pela Anulação da Dívida do Terceiro Mundo, nota à imprensa, 10 de março de 2006, "Le CADTM demande un impôt exceptionel sur la fortune cumulée des 793 milliardaires distingués par Forbes".

"Outra maneira de abordar o tema...": PNUD, *Rapport mondial sur le développement humain* 2005, op. cit., p. 40.

James Simons e outros: Stephen Taub, "Really big bucks", *Institutional Investor's Alpha*, maio de 2006, e Cécile Prudhomme, "Les 'hedge funds' enrichissent les 'papys' de la finance", *Le Monde*, 4 e 5 de junho de 2006.

"A Forbes registra 33 bilionários...": Luisa Kroll e Allison Fass, "Billionaire bachanalia", *Forbes*, 27 de março de 2006.

"Quanto aos 8,7 milhões de milionários...": Hervé Rousseau, "Les riches, toujours plus riches et plus nombreux", *Le Figaro*, 21 de junho de 2006; Maguy Day, "Le nombre des très riches a crû de 500 000 dans le monde en 2005", *Le Monde*, 23 de junho de 2006.

"Nos países da ex-União Soviética...": Jacques Amalric, "La Russie, proprieté de Poutine", *Alternatives Internationales*, junho de 2006; Éric Chol, "Les oligarques débarquent", *L'Express*, 15 de junho de 2006.

"Como observa um analista russo...": Vladimir Volkov, "Forbe's billionaires list and the growth of inequality in Russia", www.wsws.org, 3 de abril de 2006.

Paris-Match sobre Mittal: François Labrouillère, "Le Meccano du roi de l'acier Mittal", Paris-Match, 4 de maio de 2006.

"... na Alemanha, os empresários obtiveram do primeiro-ministro Schröder...": Odile Benyahia-Kouider, "Aveu de pauvreté", *Libération*, 16 de setembro de 2005.

"... o primeiro-ministro Koizumi acrescentou...": Philippe Pons, "La hausse des inégalités crée um Japon à deux vitesses", *Le Monde*, 3 de maio de 2006.

"Segundo o Observatório Francês das Conjunturas Econômicas...": citado por Louis Maurin, "La societé de l'inégalité des chances", *Alternatives Économiques*, fevereiro de 2006.

Estudo do Urban Institute: citado por Éric Leser, "Le Congress, prolonge les baisses d'impôts sur les dividendes", *Le Monde*, 13 de maio de 2005.

"Desterrada a justiça", Santo Agostinho, La Cité de Dieu, IV, 4, citado por Jean de Maillard, *Un monde sans loi*, Stock, 1998.

"George Bush é filho...": "Even higher society, ever harder to ascend", *The Economist*, 29 de dezembro de 2004.

"... o senhor Pinault convida seus conhecidos...": Henry-Jean Servat, "François Pinault, l'invitation au palais", Paris-Match, 4 de maio de 2006.

"Na Universidade Harvard...": "Even higher society, ever harder to ascend", *The Economist*, 29 de dezembro de 2004.

"No Japão, critica-se...": Philippe Pons, "Adachi: um cas de paupérisation silencieuse", *Le Monde*, 3 de maio de 2006.

"O caso realtado pela Forbes...": Kiri Blakeley, "Bigger than yours", Forbes, 27 de março de 2006.

"Esse Octopus...": Nathalie Funès e Corinne Tissier, "Leur incroyable mode de vie", *Le Nouvel Observateur*, 24 de novembro de 2005.

"Já os hiper-ricos franceses...": ibid.

"... alguns dos objetos listados...": "The price of living well", Forbes, 10 de outubro de 2005.

"... desembolsar 241 mil dólares em uma só noite...": Eugenia Levenson, "The weirdiest CEO moments of 2005", *Fortune*, 12 de dezembro de 2005.

"... instalar ar-condicionado...": Nathalie Brafman e Pierre-Antoine Delhommais, "Le club des très riches se mondialise", *Le Monde*, 15 de dezembro de 2005.

"Bentley 728: Dexter Roberts e Frederik Balfour, "To get rich is glorious", *Business Week*, 6 de fevereiro de 2006.

"... Koenigsegg CCR...": "Improducts", *Business Week*, 19 de junho de 2006.

"... na China, é o Chang An Club...": Dexter Roberts, op. cit.

"... uma academia de ginástica séria...": Susan Yara, "Super Gyms for the super rich", Forbes, 27 de abril de 2006.

"Um rapaz afortunado, como Joseph Jacobs...": Stephen Schurr, "A day in the life os America's financial frontier boom town", *Financial Times*, 13 de março de 2006.

"Bernard Arnault comprou de Betty Lagardère...": Yves Le Grix, "Dans les belles demeures, Il n'y a pas de plafond", *Challenges*, 13 de julho de 2006.

"David de Rothschild vive...": Nathalie Funès, op. cit.

"... a propriedade de Silvio Berlusconi...": "La Sardagne taxe les riches", *Le Nouvel Observateur*, 11 de maio de 2006.

"... a de Jean-Marie Fourtou...": Jean-Pierre Tuquoi, *Majesté, je dois beaucoup à votre père...*, Albin Michel, 2006, pp. 53 e 136.

"A coleção de arte...": Nathalie Funès, op. cit.

"... um banqueiro londrino...": Marc Roche, "3 000 banquiers de la City auront un bonus de plus de 1 million de livres", *Le Monde*, 31 de dezembro de 2005.

"Jacques Chirac no hotel Royal Palm...": Paris-Match de 4 de agosto de 2000, citado por Pascale Robert-Diard e Nicole Vulser, "'Paris-Match' presente sés excuses à M. Chirac", *Le Monde*, 5 de agosto de 2000.

"Dominique Strauss-Kahn...": Vincent Giret e Véronique Le Billon, *Les Vies cachées* de DSK, Éditions du Seuil, 2000, p. 120.

"... Thierry Breton, então à cabeça..."; Nathalie Funès, op. cit.

"Faz-se questão de decorar...": "Les ailes coupées de La Sogerma", *L'Humanité*, 6 de abril de 2006.

Falcon 900EX: anúncio da Dassault-Falcon, "Leave your competition at the fuel truck", *Forbes*, 10 de outubro de 2005.

"... custa 20 milhões de dólares...": Éric Leser, "Bientôt en librairie, le 'guide du touriste de l'espace'", *Le Monde*, 2 de novembro de 2005.

Virgin Galactic: Christine Ducros, "Décollage imminent pour le tourisme spatial", *Le Figaro*, 18 de abril de 2006.

"... como o Phoenix: "US Submarines", How to Spend it, suplemento do *Financial Times*, junho de 2006.

"François Pinault convidou 920 'amigos'...": Henri-Jean Servat, op. cit.

Casamento de Delphine Arnault: *Paris-Match*, 22 de setembro de 2005.

"... as meninas se chamam Chloé...": Isabelle Cottenceau, "Jeunes, riches, un enfer!", *Paris-Match*, 4 de maio de 2006.

Paris Hilton: Laurence Caracalla, "Paris Hilton", *Le Figaro Magazine*, 28 de abril de 2006; "C'est fini entre Paris Hilton et Stavros Niarchos", *Associated Press*, 3 de maio de 2006.

"Nos Estados Unidos, elas vivem, cada vez mais...": Corine Lesnes, "Dans les cités idéales de l'american way of life", *Le Monde* 2, 15 de janeiro de 2005; Pascale Kremer, "À l'abri derrière les grilles", *Le Monde* 2, 26 de novembro de 2005.

"... segundo a NAHB – Associação Nacional de Construtores de Casas...": David Kocieniewski, "After an $8000 garage makeover, there's even room for the car", *The New York Times*, reproduzido no *Le Monde* de 18 de março de 2006.

"O mesmo fenômeno se reproduz na América Latina...": Luis Felipe Cabrales Barajas, "Gated communities are not the solution to urban insecurity", in UN-Habitat, State of the world's cities 2006/7, Earthscan, 2006, p. 146.

"Meu temor, hoje, é que as exigências de segurança...": citado por Pascale Kremer, op. cit.

Capítulo 4. Como a oligarquia incrementa a crise ambiental

"Raymond Aron, que era...": Raymond Aron, "Avez-vous lu Veblen?", em Thorstein Veblen, *Théorie de la classe de loisir*, Gallimard, col. "Tel", 1970, p. VIII.

Biografia de Veblen: Robert Heilbroner, *Les grands économistes*, Éditions du Seuil, 1971.

"... daquilo que os historiadores chamaram de 'capitalismo selvagem'": Marianne Debouzy, *Le capitalisme 'sauvage' aux États-Unis, 1860-1900*, Éditions du Seuil, 1972.

"A tendência a rivalizar...": Thorstein Veblen, *Théorie de la classe de loisir*, op. cit., p. 73.

"Se deixarmos de lado o instinto de preservação...": ibid., p. 74.

Citação de Smith: Adam Smith, *Théorie des sentiments moraux*, PUF, 1999, pp. 254--255.

"... um sistema geral de economia e de direito": Marcel Mauss, *Essai sur le don, 1923-1924*, Université du Québec em Chicoutimi (publicado na internet), p. 94.

"Todas as classes são movidas pela inveja...": Thorstein Veblen, *Théorie de la classe de loisir*, op. cit., p. 69.

"... a classe ociosa... se situa no topo...": ibid., p. 57.

"a produtividade aumenta na indústria...": ibid., p. 74.

"O que conta para o indivíduo...": ibid., p. 122.

"Para Alain Minc, trata-se do conjunto...": Alain Minc, *Le Crépuscule des petits dieux*, Grasset, 2005, p. 99.

"Cidadãos comuns dos países ricos...": Jean Peyrelevade, *Le capitalisme total*, Éditions du Seuil, 2005, p. 53.

"Demonstrou-se recentemente, por exemplo que o grau de satisfação...": A. E. Clark e A. Oswald, "Satisfaction and comparison income", *Journal of Public Economics*, vol. 61 (3), p. 359, 1996, citado por Samuel Bowles e Yongjin Park, "Emulation, inequality, and work hours: was Thorostein Veblen right?", *The Economic Journal*, novembro de 2005.

"Ou que os domicílios com renda inferior...": J. Schor, *The overspend American: upscaling, downshifting, and the new consumer*, Basic Books, 1998, citado por Samuel Bowles e Yongjin Park, ibid.

"Em novembro de 2005, a Royal Economic Society inglesa...": Samuel Bowles e Yongjin Park, "Emulation, inequality, and work hours: was Thorostein Veblen right?", *The Economic Journal*, novembro de 2005.

"Segundo o economista Thomas Piketty...": Thomas Piketty, *L'Économie des inégalités*, La Découverte, col. "Repères", 2004, p. 19.

"... nem mesmo na China, onde, apesar de uma expansão extraordinária...": Juan Somavia, "430 millions de gens en plus sur le marché du travail dans les dix ans", depoimento a Jean-Pierre Robin, *Le Figaro*, 20 de junho de 2006.

"A teoria dos mercados estabelece...": ibid.

"Em suas Perspectivas para o meio ambiente...": Organização para a Cooperação e o Desenvolvimento Econômico, *Perspectives de l'environnemet*, OCDE, 2001.

CAPÍTULO 5. A democracia em perigo

Artigo sobre a B61-11: Hervé Kempf, "'Mininuke', la bombe secrete", *Le Monde*, 21 de novembro de 2001.

"O tipo de opressão que ameaça os povos democráticos...": Alexis de Tocqueville, *De la démocratie en Amérique*, Gallimard, col. "Bibliotèque de La Pléiade", 1992, p. 836.

Sistema Échelon: Philippe Rivière, "Le système Échelon", *Le Monde Diplomatique*, julho de 1999.

"... todos eles, aliás, homens e mulheres envolvidos...": Christophe Grauwin, *La Croisade des comelots*, Fayard, 2004.

Patriot Act: ibid., pp. 30 ss.

"Foram necessários cinco anos para que a imprensa...": Corine Lesnes, "M. Bush défend la legalité des mesures de surveillance", *Le Monde*, 13 de maio de 2006.

"Da mesma forma, ficou-se sabendo que a NSA...": Philippe Gélie, "'Big Brother' espionne les citoyens américains", *Le Figaro*, 13 de maio de 2006.

"A NSA, que é vinculada ao Ministério da Defesa...": Éric Leser, "National Security Agency: les oreilles de l'Amérique", Le Monde, 1º de junho de 2006.

"Previsto inicialmente para ser temporário...": Eric Lichtblau e James Risen, "Bank data is sifted by U. S. in secret to block terror", *The New York Times*, 23 de junho de 2006.

"... Uma legislação adotada em 2001 determina...": Jacques Henno, *Tous fichés*, Télémaque, 2005, p. 152.

"No que tange à União Europeia...": Rafaële Rivais, "Fichiers passagers: Le Parlament européen peut être contourné", *Le Monde*, 1º de junho de 2006.

"De uma forma ou de outra, esse dispositivo...": Corine Lesnes, "La liste des 'interdits de vol' par lês autorités américaines comprend au moins trine Mille noms", *Le Monde*, 19 de maio de 2006.

"... como o autor de um livro sobre o senhor Bush...": trata-se de James Moore, *Bush's Brain*, Wiley, 2003.

"... Harry Harris [...] que os suicídios não constituíam..." citado por Corine Lesnes, "Trois suicides à Guantánamo: Bush ne cède pas", *Le Monde*, 13 de junho de 2006.

"... seu conselheiro Alberto Gonzáles...": Alberto Gonzáles, Memorandum for the president. Decision Re application of the Geneva convention on prisoners of war to the conflict with Al Qaeda and the Taliban, 25 de janeiro de 2002, publicado pela *Newsweek* em 24 de maio de 2004.

"... resume Larry Cox...": Alan Cowell, "Rights group assails 'war outsourcing'", *International Herald Tribune*, 24 de maio de 2005.

"técnica reforçada de interrogatório": Dick Marty, Allégations de détentions secretes et de transferts interétatiques illégaux de détenus concernant les états membres du Conseil de l'Europe, *Conseil de l'Europe*, junho de 2006, p. 2.

"Em 2006, cerca de 14.500 'suspeitos'...": Sara Daniel, "Tortionnaires sans frontières", *Le Nouvel Observateur*, 12 de janeiro de 2006.

"Vários países europeus se dispuseram...": Dick Marty, *Allégations...*, op. cit.

"A secretária de Estado Condoleezza Rice...": citada por Corine Lesnes, "Washington stigmatise les abus et les violences pratiques par plusieurs pays arabes, inclusive o Iraque", *Le Monde*, 10 de março de 2006.

"Em fevereiro de 2006, a Rússia adotou ...": Marie Jego, "La Russie se dote d'une nouvelle loi antiterroriste", *Le Monde*, 28 de fevereiro de 2006.

"Na Alemanha, os Lander...": "Trawling for data illegal, German court rules", *International Herald Tribune*, 24 de maio de 2006.

Na Grã-Bretanha, no início de 2006...": Jean-Pierre Langellier, "Londres accusé de violation des droits de l'homme", *Le Monde*, 24 de fevereiro de 2006.

"Pouco antes, o primeiro-ministro Blair...": Rafaële Rivais e Jean-Pierre Stroobants, "Inquietude croissante en Europe sur la remise en cause de l'état de droit", *Le Monde*, 23 de dezembro de 2005.

"A Bélgica introduziu...": ibid.

"Na França, o Parlamento adotou...": Syndicat de la Magistrature, "Observations sur le projet de loi nº 2615", novembro de 2005. Patrick Roger, "La France durcit pour la huitième fois en dix son arsenal antiterroriste", *Le Monde*, 23 de dezembro de 2005.

"Somos uma nação em guerra...": National Security Strategy, março de 2006, www.whitehouse.gov/nsc/nss/2006

"Basta, por exemplo, digitar...": consulta feita em 31 de agosto de 2006. Em 1º de julho, a quantia era de 223 milhões para "terrorism" e 219 milhões para "democracy".

"Como escreve o intelectual...": Medhi Belhaj Kacem, *La Psychose française*, Gallimard, 2006, p. 40.

"Nos Estados Unidos, o número de presos...": "Mille detenus de plus par semaine aux États-Unis entre mi-2004 et mi-2005", *Le Devoir*, 23 de maio de 2006.

"... o Congresso norte-americano teve de instituir...": Human Rights Watch, *World Report 2006*, 18 de janeiro de 2006.

"por outro lado, a qualidade dos cuidados médicos...": ibid.

"... segundo estatísticas do Departamento de Justiça norte-americano...": "Mille detenus...", op. cit.

Número de prisioneiros na França: Ministério da Justiça, Annuaire Statistique de la Justice, édition 2006, *La Documentation Française*, 2006. "Depuis trente ans, le nombre de détenus n'a cessé d'augmenter", *Le Monde*, 17 de fevereiro de 2006.

"... a diminuição iniciada em 1996...": Geneviève Guérin, "La population carcérale", ADSP, nº 44, setembro de 2003.

"... menos que na Alemanha...": International Center for Prison Studies, www.prisonstudies.org, consultado em agosto de 2006.

Sobre as leis de segurança da França: "Les lois sécuritaires Sarkozy-Perben", Section de Tolon de La Ligue des Droits de l'Homme, 14 de junho de 2004. "Les principales mesures du projet de loi sur la prévention de la délinquance", *Le Monde*, 28 de junho de 2006. Gilles Sainati, "Justice 2006: petites cuisines et dépendance", maio de 2006.

"... o governo se recusa a realizar plebiscitos...": Hervé Kempf, "Déchets nucléaires: les populations reclament un référendum local", *Le Monde*, 14 de setembro de 2005.

"... (a lei de 2003 exige 10%)...": lei de 1º de agosto de 2003, relativa a plebiscitos locais.

"... oculta dos deputados que debatem...": Hervé Kempf, "Le gouvernement a cachê des informations aux deputes", *Le Monde*, 22 de outubro de 2004.

"Em janeiro de 2006, por exemplo...": "Trois faucheurs volontaires placés em garde à vue pendant quelques heures", *Le Monde*, 13 de janeiro de 2006.

"Triste acaso: o arquivo britânico...": Armelle Thoraval, "Londres: Le fichier ADN grossit, l'inquiétude aussi", *Libération*, 17 de janeiro de 2006.

"... 4 milhões de câmeras em 2004...": Clive Norris et al., "The growth of CCTV", *Surveillance and society*, 2004, 2 (2/3): 110-135. Ver www.surveillance-and-society.org.

"As autoridades policiais comemoram": Syteve Connor, "You are being watched", *The Independent*, 22 de dezembro de 2005.

"... setor de pesquisas do Ministério do Interior britânico...": ibid.

"Inventores privados criam...": Yves Eudes, "'Mosquito', l'arme de dissuasion repoussé-ados", *Le Monde*, 15 de junho de 2006.

"Os transmissores têm uma capacidade de armazenamento...": Michel Aberganti, "Mille milliards de mouchards", *Le Monde*, 2 de junho de 2006.

"A organização Pièces et main-d'oeuvre...": Pièces et main-d'oeuvres, "RFID: la Police totale", 7 de março de 2006, pmo.erreur404.org/RFID-la_police_totale.pdf.

"Um jornalista inglês imagina...": George Monbiot, "Chipping away a tour freedom", *The Guardian*, 28 de fevereiro de 2006.

"... frequentadores fiéis da discoteca Baja Beach Club...": Yves Eudes, "Digital boys", *Le Monde*, 11 de abril de 2006.

"... dois funcionários da empresa Citywatcher...": George Monbiot, op. cit.

"Nos Estados Unidos, o diretor da Verychip...": *Fox News*, 16 de maio de 2006. Transcrito e citado na internet: www.spychips.com.

"Alguns prisioneiros estarão equipados...": Emmanuelle Réju, "Le oremier bracelet élictronique móbile va être experimente", *La Croix*, 23 de maio de 2006.

"... podendo circular por áreas predeterminadas e ser detectados, caso as ultrapassem...": Matt Richtel, "Marketing surveillance to parents who worry", The New York Times, reproduzido por *Le Monde* em 13 de maio de 2005.

"... não foi uma revista semanal considerada 'liberal'...": Jonathan Alter, "Time to think about torture", *Newsweek*, 5 de novembro de 2001.

"Acredito que a imprensa estava amordaçada...": "Irak, une journaliste vedette de CNN critique les médias américains", *Agência France Presse*, 16 de setembro de 2003.

"... Em duas ocasiões, setembro de 2002...": Michel Gordon, e Judith Miller, "U. S. says Hussein intensifies quest for A-bom parts", *The New York Times*, 8 de setembro de 2002.

"... e abril de 2003...": Judith Miller, "After effects: prohibited weapons; illicit arms kept til leve of war, na iraqi scientist is said to assert", *The New York Times*, 21 de abril de 2003.

"Um estudo feito sobre a cobertura jornalística da guerra a partir de 1.600 telejornais...":
Steve Rendall e Tara Boughel, "Amplifyng officials, squelching dissent", FAIR, www.
fair.org, maio de 2003.

"todos os patrões da imprensa...": Henry-Jean Servat, "François Pinault, l'invitation au
palais", *Paris-Match*, 4 de maio de 2006.

"Em Hong-Kong, por exemplo...": Sébastien Le Belzic, "Falungong fait de la résistance",
Le Monde 2, 15 de abril de 2006.

"... sob a assinatura de um professor de sociologia...": Gunnard Heinsohn, "Babies win
war", *The Wall Street Journal*, 6 de março de 2006.

"O desgaste dos objetos conduz à sua perda lenta...": Jean Baurillard, *La Société de con-
sommation*, Gallimard, col. "Folio", 1970, p. 56.

"É preciso adotar medidas...": Hans Jonas, *Le Principe responsabilité*, Éditions du Cerf,
1991, p. 200. Expus o ponto de vista de Jonas sobre a questão da democracia em
Hervé Kempf, *La Baleine qui chache la forêt*, La Découverte, 1994, pp. 112 ss.

"... a automoderação da humanidade...": Hans Jonas, op. cit., p. 202.

"... a época de exigências e de renúncias...": ibid., p. 203.

EPÍLOGO. No Café do Planeta

Guattari: Félix Guattari, *Les Trois écologies*, Galilée, 1989, p. 71.

Dupuy: Jean-Pierre Dupuy, *Pour un catastrophisme éclairé*, Éditions du Seuil, 2002,
p. 13.

Barbault: Robert Barbault, *Un élephant dans um jeu de quilles*, Éditions du Seuil, 2006,
p. 186.

Kofi Annan: "Kofi Annan affirme que la désertification et la sécheresse constituent de
graves menaces au développement" ["Kofi Annan afirma que a desertificação e a
seca constituem graves ameaças ao desenvolvimento"], Centro de Notícias da Organização das Nações Unidas, 17 de junho de 2002.

Hama Amadou: discurso por ocasião da Cúpula Mundial da Alimentação, em Roma,
junho de 2002, Fundo das Nações Unidas para Agricultura e Alimentação.

Brown: Lester Brown, Wartime mobilization to save the environment and civilization,
News Release, Earth Policy Institute, 18 de abril de 2006.

Laurence Tubiana: Institut Worldwatch, *L'État 2006 de la planète*, Association L'État de
la Planète Publications, Genebra, 2006, pp. XII-XIII.

Martin Hirsch: depoimento a Gilles Anquetil e François Armanet, em "Comment répen-
ser les inégalités", *Le Nouvel Observateur*, 22 de junho de 2006.

Somavia: Juan Somavia, "430 millions de gens en plus sur le marche du travail dans les
dix ans" ["430 milhões de pessoas a mais no mercado de trabalho em dez anos"],
depoimento a Jean-Pierre Robin, *Le Figaro*, 20 de junho de 2006.

Comitê pela anulação...: Comitê pela Anulação da Dívida do Terceiro Mundo, nota à
imprensa, 10 de março de 2006.

FAO: FAO, "Investir dans le secteur agricole pour endiguer l'exode rural" ["Investir no setor agrícola para conter o êxodo rural"], nota à imprensa, 2 de junho de 2006.

Programa das Nações Unidas...: PNUD, *Rapport mondial sur le développement humain 2005*, op. cit., p. 40.

Newman: Robert Newman, "It's capitalismor a habitable planet – you can't have both", The Independent, 2 de fevereiro de 2006.

Moore: Michael Moore, "Tous aux abris!" [no original em inglês: "Dude, where's my country?"], UGE, col. "10/18", 2004, p. 216.

Azam: em Alain Caillé (org.), *Quelle démocratie voulons-nous?*, La Découverte, 2006, p. 108.

Matouk: Jean Matouk, "Créer de nouveaux emplois avec une faible croissance" ["Criar novos empregos com um crescimento pequeno"], não publicado, março de 2006.

Henry Miller, *Le Cauchemar climatisé*, Gallimard, 1954, p. 20. No original em inglês: *The air conditionned nightmare* [publicado em português como *Pesadelo refrigerado*].

Para se manter informado a respeito das questões abordadas neste livro e poder discuti-las,
consulte o site www.reporterre.net.

Para conversar com o autor, escreva para
planete@reporterre.net.

ESTE LIVRO, COMPOSTO NA FONTE FAIRFIELD E
PAGINADO PELA NEGRITO PRODUÇÃO EDITORIAL, FOI IMPRESSO
EM PÓLEN SOFT 80G NA GRÁFICA IMPRENSA DA FÉ.
SÃO PAULO, BRASIL, NO INVERNO DE 2010.